0~100岁

CONGZHENGKAIYAN
DAOJIANDAOSHEN

从睁开眼
到见到神

龚鸿燕　严悦　邱珈◎著

人民日报出版社

图书在版编目（CIP）数据

0～100岁：从睁开眼到见到神／龚鸿燕，严悦，邱珈著．
—北京：人民日报出版社，2010.5
ISBN 978-7-5115-0056-4

Ⅰ.①0… Ⅱ.①龚…②严…③邱… Ⅲ.①人生哲学－
通俗读物 Ⅳ.① B821-49

中国版本图书馆 CIP 数据核字（2010）第 053863 号

书　　名：0～100 岁：从睁开眼到见到神
著　　者：龚鸿燕　严　悦　邱　珈
出 版 人：董　伟
责任编辑：曹　腾　程文静
封面设计：天字行文化

出版发行：人民日报出版社
社　　址：北京金台西路 2 号
邮政编码：100733
发行热线：(010) 65369527 65369512 65369509 65369510
邮购热线：(010) 65369530
编辑热线：(010) 65369523
网　　址：www.peopledailypress.com
经　　销：新华书店
印　　刷：北京朝阳印刷有限公司

开　　本：880mm×1230mm　1/32
字　　数：150 千字
印　　张：7.75
版　　次：2010 年 5 月第 1 版　2010 年 5 月第 1 次印刷

书　　号：ISBN 978-7-5115-0056-4
定　　价：28.00 元

从睁开眼到见到神
你一定没想到这中间能塞进这么多事儿

0 岁：妈妈，外面很好玩吧，那些你们说过的一定都会带我去看吧。

5 岁：我讨厌每个人都过来摸我一下表示喜欢，我讨厌回答几岁了这个问题。

10 岁：谁都在那些年岁心底朦朦胧胧就放了一个清秀的小朋友吧，他成为漫长情史中的第一个坐标。

13 岁：心烦意乱中，小 BRA 和小内裤竟然就是生命无法承受之轻。

18 岁：我天天沉浸在焦虑和紧张中，间歇还有突如其来的自暴自弃。

21 岁：我们到了法定可以结婚的年龄了。早熟的童鞋们，you 们，可以准备起来了。

22 岁：我赚钱了。王侯将相，宁有种乎？

24 岁：人生总有波峰波谷，我们只是借着本命年来感叹自己的时运不济。

26 岁：学会用"呵呵"来表达自己不一样的看法。

29 岁：第一套房子，第一次婚姻，该为家族负责的事，在这一年似乎应该都搞定才行。

30 岁：曾经可怕的年龄，也就这么着来了。

36 岁：我像当年妈妈爱我一样爱我的娃娃。吹蜡烛许愿时，我的心

里只有她。

40岁：为什么我在菜场买菜时为几块钱计较半天，但对那些买回来后就放在衣柜里十年都想不到去穿的衣服如此大方？

46岁：我升了职，成了公司里的TOP3。我觉得我的运气不错。

56岁：忽然发现自己长期以来一直在做的事情，也许根本就是没有意义的事情。

58岁：人总是有这样的一个阶段要自己慢慢挨过去的，上一次是青春期，为了长大。这一次是更年期，为了平和度过之后变得更老。

62岁：看到自己的女儿穿上婚纱，可是我多年来的愿望啊。

67岁：孩子们，体谅体谅你们的爸妈，快生个宝宝给我们玩玩吧！

70岁：起草了人生中的第一份遗嘱，并且在落款处签下了自己的名字。

75岁：直到75岁，我明白了，什么叫"什么都不想"。

85岁：我脖子上挂上了卡片，上面记着姓名健康状况还有住址和联系电话。

90岁：对每一个对我说"看不出您已经90岁了"的人报以微笑。

96岁：真是已经想不起来上一次出门是什么时候了。

100岁：我也累了。似乎在下沉，过程中看见自己的一生像胶卷一样，一个个画面静止住。一幕幕灰飞烟灭。

0~20 岁

👶 0岁

光！光！光！

这是哪里来的光？白蒙蒙的一片，让我睁不开眼。

哎呀，好凉！

在温暖的堡垒中沉睡了许久许久。那里虽说是永夜，但渐渐也会有人过来打扰我的好梦。他轻轻地敲着我的腿间，听得到吗？我不耐烦地扭了扭，就听见隔空有人在狂笑。哎呀，吵死了！烦躁地蹬了他几脚。"妈妈"天天在喃喃自语，隔着一层都能感受到她温暖的抚摸。"我是妈妈，宝宝你要乖一点。""宝宝不要再踢妈妈了，妈妈不能睡觉了。"这个大概是和我相处最久的人了，她轻柔的声音是四面八方潮水一般包围我的，她一定就是我的堡垒了。于是我轻轻蹭一蹭，在听见一阵悠扬音乐的时候还会开心地四处摆动。

但这种安于黑暗的日子似乎很短暂，我忽然开始对外面的世界变得好奇，妈妈——她长什么样？爸爸、爷爷、奶奶、小姨、姐姐……

这些不同的声音都是谁？我想和妈妈玩的时候就踢她，有时候她很开心，有时候又会不悦地说：宝宝不要动，妈妈要睡觉。睡觉……难道妈妈不是和我一样想睡就睡的吗？

我要去外面看看！这样的好奇心已经日益强烈了，甚至让我开始费力挣脱身边的一切。

于是，我就看见了光。然后一阵凉。有什么东西抓住了我的脚，感觉失去了一切依附变得很无助。"哇哇哇！"受不了这样的落差，我开始大哭，我要回去，我要回去！

响起了一阵慌乱的脚步声。"哈哈哈哈！"那个让我很熟悉又很讨厌的笑声敲打着我的耳膜，那不是爸爸的声音吗？于是我费力睁开眼睛，寻找着发声的来源。

爸爸！怎么说这也是我在外面看见的第一个我熟悉的人了，于是我扭动了一下，想和他亲近一点。他似乎也感觉到了我的想法，小心翼翼抱起我，但立刻又把我放到另一个人的身边，她，有着长长的头发。

"宝宝，我是妈妈。"妈妈，终于见到妈妈了。
我感动得哭起来啦！忽然觉得外面似乎也
没有那么可怕了。看着我哭，爸爸居然
还是笑得好开心："宝宝，你长得好
丑啊！"他轻轻捏了捏我的脸蛋。哼，

幼儿英语班？？

0~100岁
从睁开眼
到见到神
CONGZHENGKAIYAN
DAOJIANDAOSHEN

这个不懂得审美的人。我挣脱了他的魔爪，转过头，看见妈妈的眼睛，有晶莹的眼泪在流动。于是，我对她绽开一个笑容。

妈妈，外面很好玩吧，那些你们说过的一定都会带我去看吧。

每次爸爸把我举很高的时候我都会笑得很开心，但爸爸说，这个世界有比举高高更多更多的美好，我也可以去更高更高的天空。

你们说有时候会摔得很疼，但是我一定不会害怕，你们不是一直都在保护着我吗？

不过爸爸常悲伤地说会有另一个人来取代他然后带走我，那个人在哪里呢？怎么还没有见到他？

好吧，为了看更高的天空，遇见更多的人，我要快快长大。

1岁

每天吃吃喝喝等着被人换尿布就是最大的任务，如果我能够配合地给一个笑脸的话，那群大人就会甘之如饴把屎把尿。

开始长出了一个小小的牙齿，有点新奇，但是大人们显然比我更稀奇，真是奇怪啊，我看着他们满

口的白牙——难道他们没经历过长牙吗？

随便什么时候都会睡着，也不分白天黑夜地醒来，床边挂着琳琅满目的玩具，手一抓就丁零丁零，我就欢腾地在空间十分有限的小床上笨拙地翻滚。最喜欢的事情是被妈妈抱着出去晒太阳，可以看见很多和我一样的小朋友，彼此都瞪大了双眼无辜地看着对方，他对我说："呀呀呀！"我知道他们在向我问好，于是我也挥舞着双手，"呀——咦！"还能遇见一些来去匆匆的大猫或者凑过来想闻闻我的大狗。

这样的日子过得还真是很美好。

如果一直像这样晚上躺在小床上摇啊摇就睡过去、白天被抱着出去游行、如果有什么不爽了就哇哇大哭，那就好了。但不知道什么时候开始，围着我转的人们对我有了要求，他们每个人都鼓励我开口说话。

"叫妈妈"和"叫爸爸"是他们最大的要求，其次是"爷爷"、"奶奶"这样的词汇。这个实在太没有技术含量了，其实我已经会说很多词啦，比如"吃饭"和"和我玩"，但是好像没有开口的必要，笑声和哭声已经能让你们精确了解我的需要。有时候我也想试着清晰发出一个要求，但发现你们早就把一切都给我准备好了。

有一天看着天花板，我自以为很清晰地吐出了三个字"电风扇"，却悲哀地发现自己说出来的还是"呀呀呀"，只是音调对了而已。

我那个可爱的妈妈还在给我喂饭，看见我盯着上面，就告诉我：宝宝，这是电风扇！

　　我当然知道这是电风扇，只是我说不出来。郁闷。

　　巧合就发生在某个寻常的一天，出门晒了太阳，一只大猫从我面前优雅走过，我惊奇地看着它，一下子在我的坐骑——婴儿车里坐得笔直。它用有神的眼睛盯着我，于是我就无意识地喊了一声："妈妈！"清晰而响亮。

　　从那一天开始，我把我所知道的所会说的，全部都表达了出来。

　　说话是一种与生俱来的需要吧，尽管有时候很多话显得多余。但总是有很多乱七八糟的想法，表达出来就畅快了。不过，也不知道从什么时候开始，我们又学会把话都藏在心里了。

　　这年已经有人替我展望未来了，他们说得很复杂："要成为什么什么样的人……"不就是变高变大，变成和他们一样的大人吗？

2岁

　　忽然对于大家都是用脚行走但我还是爬行这个事情非常不爽。

虽然，我觉得我爬得也很快的。

但是，总觉得就我一个人爬来爬去，这样很寂寞啊。表姐也就比我大那么一岁，就开始用高高在上的姿态鄙视我，站在我旁边就能立刻让我感觉被一片阴影笼罩。光气势上压迫我还不算，还要嚷那么大声："怎么还不会走路啊！哈哈哈哈……"

咳，你不就是会走个路么，我爸妈也会走啊，除了我以外我看到的人都会走路，这有什么了不起的！我只是觉得爬比较方便一点，既然我被这样轻视了，我就要让大家知道，我只是不想走而已，要学也是很快的。

于是我扶着和我一样大的玩具，颤颤巍巍站立起来。哎哟，果然还是很难的，腿还在打颤，难怪表姐那么得瑟了。我的双亲大惊小怪地看着我站立，他们用双手托着我，给我无数爱的鼓励。

我也想给他们一点面子顺便给自己长点面子能一次成功，但看来这走路并不是一朝一夕就能练就的。

"扑通！"我一屁股摔在了地上，鉴于实在太丢人了，我就哇啦哇啦哭起来。以往一哭妈妈总是第一个扑过来，这次她只是站在远处看着，示意我再次走过去。好吧，我拼了。一鼓作气，一步两步三步……好像，也不是那么难嘛。哈哈哈哈，就算包着尿布，我

也要走猫步。跛了 3 秒之后，再次跌倒。

看来走路真是一门学问啊，一点都不比说话简单。看到我鼻涕眼泪齐流的时候，妈妈大概也于心不忍了，说长大总能够学会的。算了，我还是手脚并用吧……更稳当一些。

真奇怪，为什么大家都不爬行呢？

但总觉得和别人不一样有点奇怪，暗暗地也在努力，常常小心翼翼扶着床沿沙发等一切可扶之物走走。

后来学会走路的过程异常简单，自己一个人和心爱的小皮球玩耍时，表姐过来抢了幸灾乐祸飞奔而去。当时急切地就想夺回我的玩具，于是一口气追到了门口，抱住了她的腿。表姐好奇地看着我，大概她觉得不对劲，但一下子说不上来哪里不对劲。

直到惊天动地的喊声响起："啊！会走路了！"

我抱着皮球站着，接受着大家的围观，虚荣心得到了极大的满足。

咳，不就是走路么。

其实什么都不是很难的吧，到了一定的时候，它就自然而然发生了。

于是我会吃饭会说话会走路了。但随着慢慢长大，很多事情要比这些本能更复杂，于是常常会开始无措了。

但事实上——不都是一个回头一看云淡风轻的过程吗？

站在幼儿园门口的我嚎啕大哭，实在是忍受不了母子分离的痛楚。来来往往的人都看着我，脸上均有不忍之色。妈妈给我擦着眼泪，说男孩子长大了不可以哭。

说到长大眼泪就刹车了，用别在胸前的手绢擦了擦鼻涕。一个好看的阿姨告诉我她是老师，牵起我的手带我走到一群孩子当中。那个小女孩的辫子真可爱！我过去拉了一下，她就闪躲开来，顺便赠送了我一个白眼。碰一下而已，这么小气，我家里有成堆的玩具，下次拿过来吓死你。

我的玩具！还是回家去吧。但回头的时候，已经看不见妈妈的身影。委屈的眼泪又要掉下来了，听见旁边有个小小的声音在说："我们的手帕一样的！"注意力立刻转移，果然是一样的，不过比起手帕来，我对那个脸蛋红扑扑的女孩子更感兴趣。

我们站在队伍中间就开始聊天。"你数数能数到几了？""我现

在能数到 100 了。"旁边的那双大眼睛就忽然变得好亮，"真的吗？我数过 50 就常常会数错！"旁边的几个小朋友也凑了过来表示怀疑，忽然我就变得很得意，当场就开始数数。被人包围的感觉真好，被大家注目的感觉真好。

"哼，那有什么了不起！我还会倒着数！"一个长得很好看的小男孩在半米开外很响亮地说。

一下子我就懵掉了，爸爸可没教我这个，危机！"我……我会画太阳花。"搜肠刮肚之下，还是找到了一点内容的。于是大家就开始吵嚷开了，有的说会做加法，有的还在一边自顾自跳起了舞……在非常吵闹的状况下，我踏上了之后长达十几年的求学生涯的第一步。

操心的事情实在太多了。不爱吃的菜要趁旁边的小朋友不注意的时候拨到她盘子里去，还要提防可恶的老师，不然她肯定要逼我吃掉；为什么我要和大家一起睡觉，睡不着，于是口袋里偷偷藏一根彩笔把别人的脸画成花猫，或者还可以在大家都睡觉的时候偷偷把他们的鞋子都藏掉；男厕所和女厕所到底有什么分别，好想进去看看啊，但内心为什么始终没有勇气跨出这一步呢……

最初几天，妈妈来接我的时候我总觉得一日不见如隔三秋，飞

奔过去就想回到温暖的家。但慢慢的发现幼儿园也很好玩啊，一起唱歌一起跳舞，迷恋上玩橡皮泥和过家家，开始每天和旁边的小朋友们有说不完的话。于是每天睁开眼睛想到又要去幼儿园了，就觉得……生活好美好啊。

甚至连周末也扯着妈妈让她送我去上学。被拒绝之后就虎着脸郁闷一天。

我们开始对学校有了超乎寻常的热情，只因为那里有很多差不多的人，有共同语言，可以一起做一些大人们不会陪我们去做的事情。

老师成为一个很特别的存在。这样的特别在之后很多年内都不会被改变，直到长成了和老师一样的年纪才有点明白老师也是普通人。

无论如何，总算大致上有一点儿明白男生和女生的差别在哪里了。

鹅鹅鹅，曲项向天歌，白毛拂绿水，红掌拨清波……重复了很多很多遍，那么拗口的句子我终于能够条件反射背出来了。爸爸在给我讲述这首诗的意境，我点点头表示听见了。但是……"意境"

又是什么意思？为什么不说红色的爪子拨拉着水要说成"红掌拨清波"？这到底是为什么？所有人给我的解答都是，这是古诗，古人这样说话。我们不这样说话不是吗？

总之，在我一点都不明白到底是为什么的时候，我的苦难人生就这样莫名其妙开始了。直接的后果就是不能再剩饭，否则必然得背"粒粒皆辛苦"，还得顺带忏悔一套既定的话——"农民伯伯流了很多很多的汗种出了米，每一粒米都是他们的辛勤劳动，所以我要爱惜粮食。"

被迫被灌入了很多知识，大多是一知半解的。害怕被父母骂，所以但凡被问起的时候，凭借死记硬背还是能够说出来的。有了很多很多的图画书，比起那些古诗来，这个的确是很得我心的。

家里出现了一个庞然大物叫钢琴，每天必须坐满一个小时，时间真是煎熬啊。楼对面还有一个小孩是拉小提琴的，每天听到难听的锯木声时，多少还有点庆幸自己不是学那个，不然一定更煎熬。

比起费力按琴键来，我更倾向于剪纸艺术。就是拿一把剪刀，把一张纸剪到粉粉碎，然后托在手里往上使劲一抛，飘飘扬扬落下，像极了电视中演的新娘出嫁。自从被发现我有这样的爱好之后，家

里的剪刀就再也寻觅不到踪迹。于是我找出了家中一切可玩之物，蜡烛，布片，纽扣，毛线，一个人捧着几个娃娃过家家。

在被苦难折磨的时候瞎玩的愿望格外强烈，但自己和自己玩的空间实在是很有限。慢慢的邻里间小孩开始混熟，不分年龄地在一起疯玩，从来没有自觉地回家过，每次都是被逮回去的，浑身脏兮兮的又免不了被一顿骂。

但泥巴丸子，芭比娃娃的衣服，空地上的跳房子，有谁说那不是杰作呢？

那些过早启蒙了背过的古诗的确是记得最牢的，但想来那几首翻来覆去背的诗的最大作用，也就是用来再教育下一代而已。

5岁

宇宙英雄！奥特曼！

每天准点搬了板凳守在电视机前，看见怪兽被推倒的时候就兴奋雀跃，整个人从板凳上蹦了起来。等到片尾曲结束的时候，自己就扮成奥特曼回 M78 星云时候的样子在屋子里面四处乱飞。在吃饭之前就跑出去一会儿，和邻居小朋友们一起讨论这集激动人心的

剧情，直到每家每户的大人都喊着吃饭，才依依不舍地收起飞溅的唾沫星子回家。虽然还不是很明白正义感是什么东西，但是总觉得自己内心充满了正义感。在我的眼中，柜子、路上的电线杆或者一条散步的狗都可以成为眼中的怪兽。

妈妈总说我太调皮了，管不好了，对爸爸说起这个的时候就开始叹气。还是爸爸理解我啊，说男孩子就应该活泼一些，小姑娘才文文静静的。有了这句话无疑是大赦，我变本加厉地疯玩疯耍。只要是日常活动范围，全是我的疆土。

人生经历第一次叛逆期。我讨厌每个人都过来摸我一下表示喜欢，我讨厌回答几岁了这个问题。如果是美丽的姐姐或者阿姨问，不耐烦程度则会降低。

自从上了大班，有了一种升级的优越感，总觉得那些刚刚进幼儿园的小朋友真是小，还拖着鼻涕呢！居然还哭着要妈妈，真是太幼稚了。我小时候肯定没有他们这样傻。

那些大人们还总是把我当成长不大的小孩，不爽！那句话怎么说来着，我的翅膀已经硬了！现在，我能把自己的名字写得很好了！

开始有一个新口头禅是"我小时候……"。

拍了幼儿园的毕业照，拿到照片的时候发现一个个蹲在那里蹙着眉，少年老成的样子，只有几个平日一贯比较傻的才会没心没肺地大笑。好歹也是第一次拍这么正经的集体照，我觉得怎么着也要严肃一把。听妈妈说等到很多很多年后再拿出来，就一定会笑自己傻。很多很多年后……我想我大概会和王丽娜结婚吧，她是班上长得最好看的女孩子了。那个时候我一定能够背出九九乘法口诀表了，长得肯定会比吴老师还要高！

很多人和我说起要上小学的事情，有一点期盼有一点害怕。听表姐说，每天都要端端正正坐着，不可以想上厕所就说"报告"，要憋着；还会有很多很多的数学课和语文课。数学课就是一直背乘法口诀表吧，对了，乘法和除法是什么东东，那两个符号看起来长得和加号减号差不多嘛。哎，这些都不去管了，重要的是，不知道还会不会和王丽娜同班……

6岁

为什么有那么多的书！妈妈包了一晚上的书皮。黄色的小书包真好看，睡觉恨不得都要抱着。铁皮铅笔盒里排列着 6 支整整齐齐

的中华铅笔，还有一块崭新的橡皮，真是舍不得用啊。

　　大清早妈妈把我送到学校，校门口人山人海，那些哥哥姐姐看起来好高好高哦。原来小学不是像幼儿园的时候大家围坐一圈的，而是一排一排的。站在教室门口排队的时候看到了幼儿园坐在我旁边的贝贝，于是立刻过去拉她的手，想要和她坐在一起。可是老师说，女生要和男生坐才行。基本都不认识，同桌是胖胖的小男孩，点名的时候暗暗记下了他的名字，但下课想叫他的时候又忘记了。

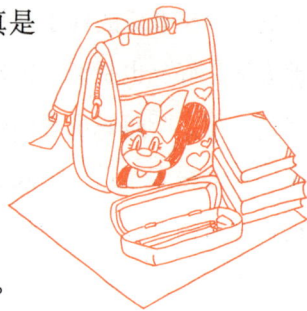

　　语文课的第一篇课文异常简单，就是教一篇简短的课文："1949年，中国人民共和国成立了！"老师布置了背诵，次日冲上来就第一个抽查我，于是到这时候我才知道，小学生是有作业的，而且是不能不做的；每天回家以后要做20题加减法，从一位数到两位数，做完了就要给家长检查一下；考试的时候很早就做完卷子了，于是转过头去看看后面的同学有没有做完，结果听见讲台上面老师用前所未有的严肃声音喊我的名字，这个时候我才知道，原来考试是不能相互看的；家长签名是一个新名词，做完的作业和考卷上都需要这个签名出现。在没考到一百分的时候，内心对签名出现抵触情绪，当时最大的梦想就是能够百分百模仿出妈妈的笔迹。

中指第一节的左边出现了因为抄生字而长出来的老茧，田字格里从上到下写了几十遍"缝隙"，因为"隙"字总是写错，当时真的觉得很恐慌的，那种感觉应该类似于"整个人生都被这个字毁了"。如果当时未卜先知就好了，反正10年后只要掌握拼音以及和汉字混个脸熟就行，20年后甚至真正会写的字还没小学时候多。但是人总不能预见未来啊，所以我们就心惊胆战每一次默生字，在默错之后，认认真真罚抄。若干年后想起真有一种这又是为了哪般的恍惚感。

做眼保健操的时候总是喜欢偷偷睁开眼，然后发现像我这样的人不在少数，如果恰巧被老师发现了还会被骂。不过第二节课之后做完眼保健操就能喝牛奶了，所以尽管眼保健操很讨厌，但每天还是虔诚盼望它的到来。其实我是比较喜欢美术课和自然常识课，但是为什么我要上那么多的语文课和数学课呢？和邻居小朋友们玩的时间渐渐少了，也许，是因为大家都有了一群肝胆相照的新同学了。

总之，上学了，我很忙。

7岁

我出水痘了!

全校爆发了流行性水痘,每天都有校工来教室打消毒药水,学校的广播中也每天播报着要如何预防水痘,班里的座位空了好几个。这样的事情对素来不喜欢学校的我来说绝对是具有致命吸引力的! ——长了水痘的同学可以不来上学。

我可真是激动坏了,一心就想被传染。

每次有小朋友被新查出得了水痘,就会被勒令回家。在别的同学都对这些小朋友避之若蛇蝎的时候,唯独我跑过去嘘寒问暖,闲话家常,恨不得还要整个人和他们抱一起蹭两下。老师非常讶异,只喜欢捉弄别人和捣蛋的我居然也会去貌似非常真诚地关心别人。"关心其他小朋友是很好的,不过还是不要靠得太近,当心被传染。等他们病好了回来之后你再和他们玩吧! "老师对我说。

我嘴上说好好好,心里急坏了,他们病好了回来我接触他们还有P用啊! 出痘要趁早! 内心无时无刻不祈求水痘大仙快来快来。

终于,大爷我出水痘了。

爸爸来接我回家的时候,我那叫一个喜气洋洋啊。恨不得胸前挂大红花,脸上写着:水痘光荣。

人生中唯一一次水痘来得异常凶猛，大颗大颗的浑身都是。还很痒。发起了很高的高烧，除了卧床外什么都做不了。

虽然是很没劲，但是总算可以吃很多好吃的东西。生病的时候家人总是百依百顺，所以本质上我一点也不讨厌生病。头发里水痘密布，呆呆看着天花板的时候用手摸摸，躺床上猛然觉得一阵凄凉。还好那个时候还没学多少唐诗宋词，否则就该吟诵"僵卧孤村不自哀"了。

后来过了很久很久才好了，回到学校的时候，课本都过去好几页了。

虽然不上课在家是一件很开心的事情，但回到学校之后发现回到学校和小朋友们在一起也不错，还是热闹一点好啊，学校在眼里就不是那么讨厌了。

之后依旧陆陆续续有人发水痘，偶尔在作业很多或者厌学情绪袭来的时候，我也会希望水痘先生再次光临。但后来听说发了一次之后免疫了，内心难免有些失落。

不过在和老师家长斗智斗勇的过程中，也总结出了诸如头痛肚子痛脚扭了这类的借口——相信小时候所有不爱上学的人都用过几次吧！

8岁

那年每次坐公车的时候都希望自己能够快快高过那根黄线，售票员阿姨却总是看都不看我。羡慕那些把硬币叮叮当当扔在售票员小铁桌上的小朋友，总觉得他们脸上都带着自豪。

在教室里我坐在第一排，做广播操的时候我排在第一个。基本上这个事情让人非常不爽，老师站在教室中间，目光永远往后排高高的孩子身上看。我知道答案！大家都回答错了！第一排的我举高了手，都轮不到回答问题。更让人沮丧的是，有时候还会被别的小朋友笑话"矮子"。曾经有一段时间我甚至惶恐地觉得自己是拇指公主，永远都只得 1 米 16。

大概是强化牛奶终于起了质变。8岁的我开始长高了，身高终于过 1 米 2了，拿着第一张属于我的公车票，忽然觉得自己是一个大孩子了。

长高的直接后果还有自己突然开始注意起打扮。对于后脑勺那根清汤挂面的马尾巴不满意，站着板凳上对着镜子为自己编辫子。但是对镜自怜

并没有持续多久，淋了一次雨而长虱子了。那个时候嘛，大家都知道，一旦长了虱子男孩女孩格杀勿论地板刷。但，慢！我作为……卫生委员，好吧，现在想起这个词来还真是有点陌生——有权力翻全校小朋友的头发查他们的虱子，但是没有人知道其实我就是个长虱子的人，多少有点监守自盗的味道。最后由于痒得受不了挠啊挠被老师发现，送到家被老妈拎着去剪头发。

头发没得编排，情绪沮丧，第二天起床的时候心里若有所失，之后又拿妈妈的口红把自己整张脸涂得花里胡哨还觉得特美特好。披挂着窗帘和丝巾，学着古装片里的美女在家里到处飘。

拿着爸爸的电动剃须刀，开了开关听着嗡嗡声在自己的脸上推来推去，还做出很拽的 pose。听见剃须刀的声音和之前的不同。反应过来的时候，镜子里的自己已经变得十分滑稽可笑。一边的眉毛没有了。愣了半晌意识到事情的严重性。想哭，但做贼心虚的心理压倒了一切。从书包里翻出水彩笔，给自己画了一道又粗又黑的人造眉。那个时候已经懂得利用自我爆料的方式来博眼球了。在周记上，我把事件详细记录，结果大概是因为叙事很完整，老师奖给了我一个小本子。当堂朗读之后，每个小朋友都

排队到讲台上来看我的水彩眉毛。

现在我对于化妆还是不在行，审美和幼时把口红涂双颊没大差别。

但是依旧很喜欢摆弄那几根头发。

是不是心理因素呢？总觉得被剃须刀扫过的那边眉毛要比另外一边浓密很多。

长大的过程中总有许多啼笑皆非的事情，多年以后想来，还是生动得让人忍俊不禁。

9岁

用今天的话来说，9岁的我成了一个不折不扣的叛逆少年。突然不满足于单调的铁皮铅笔盒和素面朝天的橡皮，不喜欢妈妈每天帮我削得尖尖的整齐排列的中华铅笔。其他小朋友带来的高档双层铅笔盒和有各种功能的橡皮总是让我垂涎三尺，学校附近小卖部柜台里的自动铅笔和折叠尺占据了我全部的视线。

想法突然就在那一年发生了翻天覆地的变化，觉得自己所有的东西都很

土气，而我——其实就是想拥有最拉风的东西来让其他小朋友羡慕。于是开始不停攒零花钱，攒到一两块钱的时候就脸贴着玻璃柜台看，买到心仪文具的时候就像捧着全世界。

电视机、作业和听老师的话似乎已经不是生活中最重要的事情了，觉得自己是一个忽然被赋予了生命的木偶，拼命想摆脱手上的提线。为什么我要每天那么早起上学？我明天就不去会怎么样？为什么我要规规矩矩听课？明明老师讲的这些我都是明白的。这些莫名其妙的情绪让我成为了一个小愤青。从此我就是一个典型的坏胚子。

上课在课桌底下看那时候把自己迷得如痴如醉的《机器猫》；打扫卫生不力，举着扫把抹布佯装劳动的样子；上课小声讲话，当别的小朋友们体育课蹦蹦跳跳的时候我已经会装病了。

小学时候每学期都会评选三好学生，大红纸贴在全校公告栏里，拉风得一塌糊涂。流程就是全班票选、唱票、鼓掌通过。就算在那个以成绩论英雄的年代，我都没有被选上过，最多就是那一张给没评上"三好"的积极分子的安慰奖。但是那年不知道走了什么大运，居然考了从来没有考到过的第一名，加上换了一个新班主任，他为了省事

幼儿养德班？
空手道班？
钢琴班？
书法班？

CONGZHENGKAIYAN
DAOJIANDAOSHEN
0~100岁
从睁开眼
到见到神

就按成绩名次决定三好人选。这成全了我学生时代唯一一次"三好"。红榜上那华丽丽的名字啊！那个时候我就学会对着橱窗自我陶醉了。

物质匮乏的年代让当年喜欢文具的我直接晋升为文具控，就算在不太用纸和笔的时代，依旧保存着喜欢好看的笔和本的癖好。

机器猫的启蒙让我在几十年后仍然看最稚气的卡通片，并且深深相信到了几百年后真的有这样的机器猫出现。看不到了，这是从小到大想起来就会绝望的遗憾。

至今我仍然善于沉醉于一些小满足中，不知道是不是那次"三好"的后遗症。

也许，年少的样子，无论过多少年，在性格中依旧有很多痕迹。

🐍 10岁

似乎就是忽如一夜春风来，很多女孩子都开始神神秘秘扎堆议论男生了。

传来传去的纸条上随处可见"你觉得×××怎么样""你不要乱说，我不喜欢他的"这样的字眼。"喜欢"这个词，就是以这样一种姿态出现在了一群小学生的印象里。怪就怪那些连续剧，爱得

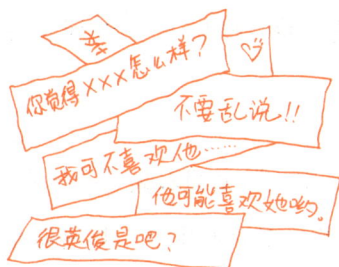

那么轰轰烈烈；就算是超级无敌励志片《青春的火焰》（那时候真是所有同学都迷得死去活来，一到晚上6点必然全家一起守在电视机前），小鹿纯子还喜欢教练呢！不过当别的小女生还在喜欢自己班里谁谁谁的时候，我就嗤之以鼻：那群小P孩低头不见抬头见的，也没个长得好一点儿的，有啥好喜欢的？

你觉得×××怎么样？

不要乱说！！

我可不喜欢他……

他可能喜欢她呦。

很英俊是吧？

我早已把目光放向更远处。那时候我在鼓号队敲鼓——就是升旗时候负责吹吹打打的。迷恋那个指挥，高我们一届的。名字至今还记得的，王昊怡。长得很是清秀。后来我弟弟总结说我好小白脸那口儿，看来是从小就培养出来的。

事实上说喜欢……也就是远远看着他就脸红一下，从没和他说过一句话。有几次明明可以搭上腔，大家一群人在那边嘻嘻哈哈，可是我就是心中有鬼一般不敢上前说话。每次鼓号队在训练，他对着我们指挥的时候，心里都随着鼓点默念，看我啊看我啊。可惜他的目光永远落在不知道谁的身上，却从来不是我。写情书这样的事情还没有出现在我意识当中，于是就这样纠纠结结过着，期间还屡次和已经上了初中的表姐说起，直到他毕业了上了中学。

我本以为自己也要去那个中学，还兴奋地想着到了中学我就长

大了呀，一定要对他表白！结果天不遂我愿，去了另一个中学，之后很久没有见过他。

然后，就自然而然忘记他了。

直到7年后去篮球场找弟弟回家吃饭。听见弟弟响亮的一声："王昊怡，接球！"听到这个名字的时候，觉得心中有一颗琉璃蓦然绽放出光芒，转头却看见一张陌生的脸。满心迷惑，甚至恍惚觉得很久很久以前那个人是不是自己的幻象呢。

他走过来看着我，笑了笑说："你姐姐啊。哦，一个小学的，我记得。"

可是很抱歉，我真的是不记得了——似乎只记得自己暗恋过这个名字，却忘记了暗恋过这个人。

谁都在那些年岁里心底朦朦胧胧放了一个清秀的小朋友吧，他成为漫长情史中的第一个坐标。

你心中的坐标一直在那里，他却也已经悄悄长大了。

我们沿着一个个坐标慢慢前进，就渐渐懂得了要怎么去爱一个人。

🦀 **11岁**

在小学的前4年里我一直是一个好学生，但是当4年级升5年级的那个暑假过完时，也不知道为什么，我忽然对拿好分数有一点点厌倦起来。当然，这种厌倦也是不能被老师和父母明确察觉的，只是向来疼爱我的那位语文老师有一天拿着单元测验的卷子板着脸对我说："你怎么回事？你一个暑假都在干什么？"我不能告诉她我一个暑假都在外公温州的老房子里看武侠小说，至于那本小学奥林匹克数学习题下册也只做了两页。

那是我人生中第一本武侠小说。其实它并没有大人们讲的那么可怕。在他们的口中，似乎武侠、言情小说和电子游戏机（就是现在被称做红白机的古董级电子游戏）一起都是毒蛇猛兽一样的东西，碰一下就完蛋了没救了。就我个人经验来说，这还取决于你看的是怎样的武侠、言情小说，在什么环境下看的，身边是否有对此感兴趣的同伴。不能说我的这部书不好，多年以后回想起来还是挺怀念的，但当时书里那个作为主要叙事线索

的情节——杀手杀完人之后在墙上留下血书，着实把我吓到了。这种害怕一直伴随我直到看完这部书。在此期间我不敢一个人上厕所，不敢独自躺在一张床上睡觉，不敢走在黑暗的地方。这也奠定了我后来不敢看恐怖片的基础。

事后想起来，也说不清楚那段时间算不算是叛逆期，因为对于我这种精通于在父母面前做表面文章的乖小孩来说，叛逆期实在太模糊了。我现在要讲一讲褪字灵。我们学习写字的历史很有意思，从木头铅笔、活动铅笔到钢笔，最后才被准许用圆珠笔，在前几个阶段我们都是如此小心翼翼避免写错字的情况发生。到了最后的阶段，我们既用上了圆珠笔，同时又有褪字灵伴随左右。之前那种小心翼翼像是被压抑太久反弹一样，每个人的作业本上都是白斑点点，老师不得不在某次测验之前宣布，从今以后谁的试卷上有超出一定量的褪字灵痕迹就要扣分。这有点像现在的排污标准，谁家排出的废弃物过多就要多交钱。

即便对于我这种表面看上去很乖的小孩，也会有不得已想拿出褪字灵来修改试卷分数的时候。我难道不知道修改的痕迹太容易被看出来了吗？我不知道自己当时是怎么想的。因为那张语文试卷的分数太难看了，我迟迟不敢背了书包走出校门回家。于是与我同路的男生便和我说："你把7的一横用褪字灵涂掉一点，然后自己画一个9的圈上去。"我听从了他的话。当然，接下去的剧情就是这样一发不可收拾地发展下去的。我的欺骗行为遭到无情揭露，爸妈把我狠狠骂了一顿。从幼儿园起我就清楚知道"爸爸妈妈最恨的就是小孩撒谎"，这是他们的原话。我站在屋子的一角默不作声，一面想着原来这个方法是行不通的，还是学会模仿爸爸的笔迹更重要一点。

12岁

当时我以为这是最大最重要的一件事。我身边的每个人似乎都在为我的升学问题忙碌。学校的教学质量（这其实很大程度上取决于一所学校拥有的名气大小）、离家的远近，或者还有高考升学比例，他们整天讨论的就是这些，以及各种入学考试。好几所与"××重点"沾了边的学校都竞相推出具有本校特色的入学考试，花样百出。从大人们脸上的严肃神情中我得到的讯息是，我的人生道路也许就此就被确定下来了，考进一所好的中学就等于以后走上一条好的路。当然，那时的我

根本不会去思考诸如此类的问题：他们认为的好学校是否适合我，这所和那所学校之间我究竟更喜欢哪一所，进了一所好学校真的就等于走上一条锦绣前程了吗？另外，直到此刻，我也许都没有思考过"人生"这个问题。这个问题对于12岁的我来说，太大了吧……

还是讲讲除了升学以外的事吧。5年级，我基本上不怎么上体育课。有时候和另外一两个也不上体育课的同学一起做作业，有时候一个人待着。班里转学来了几个人，又转走了几个人。在转来过了段时间又离开的人里有一个男生的名字叫王子。可能是"梓"或者其他字，不过发音就是王子。他是一个皮肤白净、头发不太黑、腼腆又善良的围棋高手，后来离开似乎也是和围棋有关，听说去日本学习围棋了。

另外有一个转来的男生姓张，他进来之后听见老师说的最多的话就是："还有多久就要考试了你知道吗？你要把除了吃饭睡觉外所有的时间都用在学习上才有可能考上一所好学校。"他的确是很用功，不过也不是自发自愿狠命读书的那种，有机会偷懒的时候还是会想出各种点子自娱自乐一下。比如在教室里做作业做着做着站起来对我说，你知道吗，我摔跤不怕疼。说着就扑通一声趴在地上。我吓了一跳，赶紧去拉他，这怎么会不疼啊。可他自己一骨碌爬起来笑嘻嘻地说，真的不疼，不信你看，说着又往地上重重摔下去。我简直有点手足无措，在他反反复复表演了好几回后坚定相信这是属于他的一项特殊功能。

我去参加了某某附中的入学考试，比全市统一的小升初考试提前了一两个月。我小时候的确有这种本事，就是能把别人加诸到我身上的愿望实现了。比如我觉得大人们希望我考上，我就考上了。那是我求学生涯中最顺当的几年。我把它归根于命运使然。

等所有人都考完之后，毕业典礼如期举行。典礼什么样子已经完全忘记了。只记得在自己班里举行的那个班会。和5年中所有的班会一样，有主持人，有游戏内容，有互赠礼物。因为年龄小的缘故，而且伤感这个词还没充分流行起来，所以没有谁在那个场合哭起来。眼泪就是这么一种东西，极具传染性，但如果连根源都没有也是很难产生什么影响的。最后我们手拉手唱着小虎队的歌从楼梯上往下走，就算那时候有一点点不舍也被振奋的歌声覆盖了。

红日的旋律是我童年时的小小英雄……多想和你们一起走……

13岁

当时我肯定没想到，几年后在吹熄生日蜡烛的时候会祈祷拥有

像莫妮卡·贝鲁奇的……呃好吧至少也是 ps 过后的范冰冰的……胸吧。当时我只希望发育慢一些再慢一些，最好要比同班 50% 的同性同学慢，关键是，胸要小要平要不引人注目！

对女生来说，你发育了，麻烦就来了。发育中的你有两种选择：不戴胸罩，或者戴。结果是一样的：不戴，会被无聊的小男生们用余光乜着讨论；戴了，一样会被无聊的小男生讨论。看！某某某戴胸罩了哎！13 岁的小男生们多下流啊，他们会贼头贼脑东张西望，用仿佛阅尽天下咪咪的目光来打量女生们的身材，然后喊喊喳喳交头接耳。天晓得他们在讲什么啊啊啊啊啊。

好吧，于是大部分正常发育中的女生在十三四岁拥有了自己人生中第一个胸罩。被妈妈带去内衣店，在售货员阿姨的赤裸裸的、满不在乎的目光下量了胸围，然后穿上了那件以往只有在 cosplay 白素贞时才会套在头顶的 bra。如果你这会儿已经奔三了，那么你的第一个胸罩可能连 cosplay 道具的功能都不具备——那是一种在侧面钉着百八十颗纽扣每天早上都得出一身汗拧着身子花半个钟头才能扣上的白色布头裹胸，你恨它。

至于那些发育得又快又好的姑娘，在你腰酸背痛系小纽扣的时候，她们已经能像妈妈一样熟练扣上后背搭扣，她们的 bra 是真正的 bra，有蕾丝布料还有海绵垫子。她们早就不怕被无聊的同学议论了，她们开始发育的时候，那些混蛋小男孩们还来不及拥有八宝齐爷爷般的重口味、还想不到以讨论女生的八卦为乐呢。

那些小男孩有自己的麻烦。他们可能会在某个早晨以为自己尿裤子了，于是难为情地悄悄地去把内裤洗掉；或者他们早就了解到了正在发生的是什么事儿，于是心满意足地悄悄地去把内裤洗掉；也可能他们尖叫着喊来父母问他们这是怎么回事儿然后被告知应该去把内裤先洗掉……anyway，在十三四岁时，有那么一天，男生开始自己洗内裤了。他们从此开始了一边热切关注女生一边又拼命嘲讽女生的矛盾状态。

在每天都在发育的 13 岁，男生们运气比女生好，毕竟不会有女生傻笑着指着男生的内裤边对另一个女生说"看，他自己洗了内裤吧"。女生们在这时候懂的还很少。就算懂，也懂得装不懂。在心烦意乱的 13 岁，小 bra 和小内裤竟然就是生命无法承受之轻。等将来回头看时，真要替当年的自己觉得压力好大。

14岁

我喜欢那个女生。我总是在课间发牛奶的时候去把她不爱喝的牛奶买过来。这样持续了很久，她从来没有发觉其实我是别有用心的。我想引起她的注意，很自以为是地认为买下她不爱喝的牛奶是对她好。

我从一进学校就注意到她了。论长相，她没有任何特别出众的地方，只是看上去让人觉得挺舒服的。不过她身上有一种气质，我也不知道怎么就被这样一种气质吸引了，我觉得她需要被保护，我想保护她。这个想法说出去有点可笑，不过我们这个年龄的男生只要不是铁了心做街头混混的，不都有那么一点浪漫的骑士想法嘛。

每天课间的时候，我都要越过两排座位到她那边取牛奶，然后把握在手里的硬币交给她。有时候硬币因为被握在手里久了有点温热。她脸上总是带着浅笑，好像不用喝牛奶这件事让她很高兴，但又不能把这种高兴表现得太明显了。她一定以为我特别爱喝牛奶，不然有什么理由天天买她的牛奶，而且有时候没有零钱，我就预先把几天的钱都付给她。她还有些不好意思收。

　　因为有牛奶这层关系，我时不时还能站在过道里或者靠在谁的课桌边和她聊会儿天。我说，你这么不爱喝牛奶啊。她说，是啊，我还不爱吃白煮蛋。就这样从秋天到冬天，圣诞节到了。我在她的课桌和碗柜里塞了好多张卡片，天天都往里面塞新的进去，大概持续了有一个礼拜左右吧。碗柜靠着教室最后面的墙，她的那一格在最底层。每次她蹲在那里打开碗柜的锁，从里面拿碗或者其他一些小物件的时候，卡片从里面滑出来，有些正停在她手边，有些则掉在地上。她微微弯一下腰从地上捡起卡片——这幅情景总是令我如此着迷。我就这么转过头呆呆地看着她，也没发觉坐在我后面的哥儿们开始笑我。

　　卡片上只是写着"圣诞快乐""新年快乐"这样毫无特点的话。每一张都千篇一律，最多就是把中文换成英文，落款有时候是我的名字，有时候是我给自己起的英文名字，有时候只有一个英文名字的首字母。看得出她把卡片打开的时候也挺疑惑的，不知道我为什么天天要送她这么多卡片。不过她都照单全收了。她也没问过我为什么这么做。有一次做眼保健操的时候，当她走到我身边时——她是眼保健操检查员，我又递给她一张卡片。她笑嘻嘻地接了，然后说，快把眼睛闭上，好好做操。

　　这个礼拜的最后一天，我写了一张和之前那些都不同的卡片，并把它从碗柜门的缝隙间塞了进去。我紧张地等待着她看见卡片的

那一刻。为了这个，我已经想了好久了。我想，之前那些卡片都是为了这一刻做铺垫的吧。我在卡片上写的那行字是英文的"我爱你"。只有在我这个年纪才会这么勇敢、直白地把这句话说出来吧。我的爸爸妈妈怕是这辈子都没有亲口说过和亲耳听过这句话。

她看见这行字的时候脸上的笑容没了。我把头埋在胳膊里不知道接下去会发生什么。不过……到12月31日那天放学后，我拉着她的手在离学校不远的那片她很喜欢的林荫道上走了半小时！

🐾 15岁

小学的时候我有一个很好的朋友。

我们经常邀请对方去自己家住上两天，我还跟她和她的家人一起出去旅游，因为天气太热她妈妈就找了一身她的连衣裙给我换上。那时候她说，要是我们两个是亲姐妹就好了。我们还会分享彼此关于某个男生的小秘密，这对于女孩子之间的友谊来说

简直是必须的。记得有一天她生病了没有上学，晚上我冒着大雨去她家送作业，然后走了一个小时回家。回家的时候伞坏了，人也被淋得浑身湿透，末了还挨了老妈一顿臭骂。但心里就是觉得很开心。很快我们去了不同的初中，分别的时候哭得一塌糊涂，彼此约定好了要做一辈子的好朋友，要一直保持联系。

在进入初中的一开始还写写信讲讲从前那些共同朋友，但渐渐发现共同语言越来越少，加上初中的生活又很精彩——有了一个寝室的人可以天天卧谈，还有一片更广阔的天地，每天有很多新鲜的东西塞满了自己的脑子。于是小学的那位同学就渐渐在生活中淡去痕迹，不知道她是否也是这样的感受。我想，疏远这件事是受到来自双方的作用力的吧。和小学的朋友在一起的时光不再令我回想，我正在对一群新的朋友约定：即使在不同的高中我们也要联系着，一直一直都是最好的朋友。

15岁的我们对友谊有着执着的相信，但偶尔也有一丝迷茫，那些曾经信誓旦旦的永远想起来似乎已成了很遥远的事情。但无论如何，面对当下，仍会固执认为那时候友谊就是一辈子的时光。戴牙套的同桌、成绩一直比我优长得比我美的那个女孩子、懵懵懂懂和自己定下几年之约的后座男生……这些人几乎成为了全部的关于"友情"的信仰，成为绽放在人生最美好日子里的光点。

但要等到很多很多年后回想起来，才会暗叹自己的傻。那个时

候都已经踏上了社会，也许还是和几个学生时代的好友保持很密切的关系，但是也许这群人和当初最要好的人已经不是同一拨了。

时间告诉我们很多事，慢慢的我们找到了呆在一起最舒服、最适合自己的人。但事实上，正是有了年少时这一群一起画画或者一起踢球的伙伴的存在，我们才会有一段段斑斓的年少记忆，成长的每一个阶段才能完整而精彩。

为每一阶段的好朋友们唱首歌，感谢一起成长的青葱岁月。那些日子里的欢笑和泪水，教会了我友爱和勇敢。

16岁

我们被领去一个小房子里拍照片。整个年级的人都在那里。那间拍照片的屋子用一块布帘子稍微隔了隔，靠外面的墙上挂着两件不辨颜色和花纹的的确良衬衫，一件算是女式，一件男式。每个进去拍照的人都要穿上它。其实照我看来，只要准备一件就行了，女式的和男式的根本没有差别。不过那样子大概看上去就太滑稽了。

除了指定服装之外，连配件也要用指定的。像我这种用医学术语说叫做先天近视眼的，因为爸爸的意愿最终坚持到进中学才戴上眼镜的人，在拍身份证照片的时候就要戴上指定的一副没有玻璃镜片的金丝边眼镜。虽然在我心里极其不情愿戴这种我认为很丑而且与我们的年龄不相符的金丝边眼镜，但是没有办法，我总不见得说它太丑了我不能戴着它拍照吧。即便我那样说了，也不会有人理我。

　　作为一个即将有身份的人，不仅要穿难辨性别的衬衫、戴没有玻璃镜片的金丝边眼镜，还要在拍照的时候把遮在脸颊两边的头发统统撸到耳朵后面去别住。我的头发长短正好和刘胡兰英勇就义时的差不多（从课本上来看），拍出来的照片就自然而然带上一种大义凛然的神情。其实是因为我不习惯面对镜头，不管是拍彩照也好，还是拍不需要任何感情色彩的身份证照片。我们熙熙攘攘地挤在那一间学校所属区域派出所指定专门拍身份证照片的房子外面，等所有人拍完再一起回学校。

　　我不记得有什么人郑重其事和我们讲过关于拥有了身份证的重要性或者重大意义。如果大人们曾经很隐晦地暗示过我们身份证代表了什么，那我只好抱歉地说我没能理解。领到身份证就和领到学生证差不多，只不过前者的有效期比后者长许多，用途也更为广泛，如果不慎丢失的话那将遭遇的麻烦也要大很多，挨的责骂也要猛烈

得多。不过领到身份证的时候我们发现了一件有意思的事情。因为我们的中学是寄宿制，所以在报到的那一刻每个学生的户口就落在了学校。身份证上的 17 位数字，前 6 位是说明户口所在地，中间 8 位是出生日期，从我们手里拿着的身

110103 18770921 11？

出生日期
户口所在地
2=
最后一位
8=

份证来看，男生和女生的区别在于最后 1 位数字。女生是 2，男生是 8。于是我们得出结论，我们当中只要是同年同月同日生，并且同一性别的人，身份证号码就是一模一样的。这个发现让我们感觉像发现新大陆一样有趣。在新鲜劲儿还没过去时，我们谈论的都是这件事。哪个班的谁和另外哪个班的谁号码一样，哪个女生和另一个男生号码只差最后一位。

　　不过说真的，有了身份证之后还真是做了不少事。虽然并不是件件都和这个证件有关。比如爸妈给了我一个皮夹，让我把身份证和零花钱放在里面，主要是放身份证。爸爸用他那带着警示意味的一贯口吻对我说，这个东西非常重要，千万不要弄丢了。再比如，有一天后座的男生神秘兮兮拿出个东西招呼我们这些坐在周围的人凑过去看，原来是一把剃须刀。我长长地"啊"了一声，表示了女生对此事物的不甚了解。他略带得意地说，我爸爸的，我偷出来用一下，你们看——说着他摸了摸下巴，做了个貌似很老练的动作。后来我想，那个男生对于"身份"的理解也许要比我深刻一些。

🐚 17岁

我 17 岁了。其实我不太计算我的年龄。一般像我们这种正常念书的小孩——呃，我并不是故意说自己小孩，平时听爸妈这么叫惯了，自己改口也很难——一面心底里以为自己不是小孩了，一面还只能用"小孩"和"大人"在自己和爸妈之间划出分界线来。我要说的是，大多数时候我们只是用几年级来代替自己的年龄，间或在填各种表格以及过生日的时候会想起岁数。

17 岁对应的是高二。我喜欢高二，因为高一太生疏，高三太可怕。高一的时候刚刚接触到"高中"这个范畴，一切都那么新鲜又陌生。老实说，当时我就觉得高二和高三的人看不起高一的人，因为觉得我们太嫩。这是我在一次篮球比赛上听来的。赛场上几个高二的男生那么肆无忌惮地冲着我们嚷嚷，大意就是：你们太嫩啦！我不明白我们嫩在哪儿了，和他们相比，他们也只不过比我们高一个年级而已，我们也会用剃须刀，我们也会对喜欢的女生说"谁敢欺负你就来告诉我"，而个子这种事不能强求，将心比心，他们难道没有经历过高一？

不过，也许他们在高一的时候也是这样被高二瞧不起，所以这就发展成为一种"年级潜规则"。

我第一次向一个杂志社投去了一篇我写的小说，而且并非心甘情愿。情况是这样的：我们不是每周都要写周记嘛，老师把这项作业称为随笔，随笔就是随随便便用笔写写的东西吧，我是这样理解的，于是我就随随便便写了洋洋洒洒老大一篇——连载小说。是的，连载，不要以为这是什么了不起的事情，我只是编了一个奇幻故事罢了。写到第五回的时候敬爱的语文老师忍无可忍地在我的小说底下批注道：禁止连载！我想，最主要的原因可能还不是她对我的小说有多大意见，而是班里其他人纷纷跟风写起了连载小说，99.8%是奇幻！老师当然不会觉得这个班里出了许多奇幻天才，奇幻这种东西根本就不在教学大纲之内……

对不起，扯远了。简而言之，有人要和我打赌，说我不敢拿我的小说去投稿，隔壁的谁谁都已经在某本中学生作文读物上发表过文章了。可以想象这会让我多恼火。冲动之下我就拿着随笔本跑到学校后门边的一家小店复印了我的小说，然后当即装信封贴邮票写上地址，请注意，是"《萌芽》编辑部收"，因为打赌时说的就是《萌芽》，哎！

高二，我们打过无数的赌，比如10分钟内打赢一局彩弹（美

式桌球）；在某节语文课上堂而皇之看整整 45 分钟生物课本；把宿管老师的房门反锁，就是在外面的门把手上再加一把锁，诸如此类。有时候是恶作剧，有时候是逞能，反正个个都以为自己是超人。

18岁

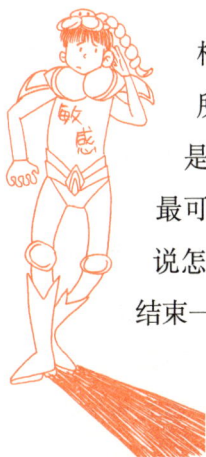

可以把 18 岁有了投票权这一点提一下，但是我根本没有概念，相信我的同学们和我一样没有概念。所以就不说了。说说高考。在高考前后，确切点说是从前到后，我一直觉得这是迄今为止我碰到过的最可怕最艰难的事——对我来说。我不知道对别人来说怎么样。有好多次，我都有一种强烈的感觉，当我结束一天的复习躺进被窝闭上眼睛，就是永远地闭上了，再不会在第二天早上睁开。但这种感觉居然一次都没有实现过。这在于我也是罕见的，因为我是一个直觉灵敏的天蝎座。

高三上半学期，很多时间我还是让自己处于一种无所事事的状态之中。比如在自习课上看报纸，跑到别人教室里去借指甲油涂，溜出校门去附近的二线影院看电影，诸如此类。后来我的好朋友看

不下去了，可是她在理科班，没有办法时时监督到我，她就把这个任务派给了坐在我后面的 T。比如说我又在看一份周报上的"心情故事"版的时候，T 就会拿笔敲敲我的背说："不要看咧！"我就慢吞吞把报纸折起来，回过头去龇牙咧嘴地笑一笑。但是，看着那本五星级题库我就头晕。

不过倒也不全是这种令人沮丧的事情。因为我们从 11 岁开始就过着住校生活，为了让我们能够健康成长，尽量少地受到外界的干扰和伤害，除了周末回家之外，平时但凡要走出学校大门（学校组织活动不算）都需要有班主任或者任课老师亲笔写的纸条，俗称"出门条"。进入高三之后，我们发现看管校门的保安叔叔一夜之间变得和蔼可亲起来。即使没有出门条，他也挥挥手让我们走出去了。开始几次我们还有些将信将疑，后来渐渐习惯了这种特殊待遇，就完全把出门条这回事抛在了脑后。不知道是因为他觉得我们挺可怜的，整天唯一的乐趣大概就是到学校北面那条热闹的小街上吃点好吃的，或者为了在我们毕业之前给我们留下一点好印象，还有可能是校长大人或者教导主任事先打过招呼了，总之翻墙头和仿造班主任字迹都成为历史了。

这也就是既压抑又宽松的高三生活。

后来我也意识到时间不够了，于是把自己无所事事的状态收敛了一点，不过，那也已经晚了。在此之后，我天天沉浸在焦虑和紧张中，间歇还有突如其来的自暴自弃。好像800米跑步跑到后半段，上气不接下气，胸口快要窒息了，抬头望天只能望见白茫茫一片，太阳和云朵统统都看不见。天不是应该是蓝色的嘛，为什么我眼前一片空白？

　　我的习惯性焦虑和紧张大概就是这时候落下的病根。直到高考过去之后这毛病还是经常犯。而且犯着犯着就习惯了。我不太愿意说的是，高考其实印证了我求学生涯无可挽回的阶段性失败，但另一方面又一次体现了运气的非凡能量，我觉得我之所以能进入志愿表上填的那所第一批本科名单里的文科大学，完全就是运气好。

19岁

　　要说大学和大学之前所有上过的学有多不一样，那每一个经历过的人最清楚不过了。我有一种感觉，好像大学之前所有没想过的事情都拿到大学里来想了，大学之后需要想的事在大学里也开了个头，我所有的困惑和悟知都在大学里发了端，不管它们是朝着什么方向发展下去，我都能触摸到它们的意义所在。

　　我渐渐从以各种名目组织起来的聚会中把每天都热烈怀念着高中时光的心情平复下来。大一开始的时候我以为自己还在读高中，只是换了一个稍微有点不同的地方。只要一有机会，我们就组织各种名义的聚会，比如生日、节日、同桌纪念日，甚至某一所学校内正在举办的某个活动或比赛也成为我们聚会的理由。我想我们要是把这种热情用到学科研究上，学术前途恐怕真是不可限量啊。

　　大概过了那么一段时间，我就像是一个近视眼患者戴上了符合自己度数的眼镜，眼前渐渐清晰起来——我并不是一进大学就知道大学究竟是一种什么样的事物，而就从这时候开始，我开始和大学亲近起来。陡然间意识到这些都是真的：选择的权利多了那么许多；时间也变得一会儿不够用一会儿又好像多得像水一样从脸盆里溢出来无处打发；教室可以随便进，我甚至步行10分钟去校园另一边的理科楼里上自习；作业要去图书馆里写，不过那些电影里经常运用到的图书馆艳遇的桥段我可一次都没碰上；再没有什么成绩单需要家长签字；并且，我还可以有整个下午的时间到处闲逛。天哪，这是什么样的生活。

　　我有一阵产生了错觉，误以为自己可以为所欲为了，想做什么、不想做什么都确定无疑地掌握在我自己手中，别人谁也管不着，我可以一手叉腰一手指着我面前的人说："关你们什么事？"我这么想象着，大概是在此之前从来没有获得过这样的自由，使得我太迷恋这种全然不顾的感觉了。

我逃课，并不是所有的课都逃，本质上来说我还是一个有理想有志气有追求的三有青年，所以我只挑了一些不想上的课逃。比如说带有"概论"字眼的课，又比如那门枯燥的高数。我只要会做那些证明题就可以了不是吗，比起坐在教室里看老师写毫无吸引力的方程式，我在晚上宿舍熄灯后搬个板凳坐在走廊里看两晚课本来应付考试就足够了。

因为逃课，我被罚写检查。这就是我以为可以无法无天的代价。不过我还是不觉得自己有多么错，既然我认为那门课不好听，难道就不能选择不去听吗？看来答案是"不能"的。原来选择也有权限，是我没有搞清楚。我从小都有一个不大不小的毛病，就是赌气。爸妈批评我的时候，通常都是因为学习的事儿，我就赌气不和他们讲话。到现在我才肯承认，那时候就是因为觉得不讲话会让他们愈加生气所以那样。在写检查的时候我赌气的毛病又犯了，我用了一张彩纸和签

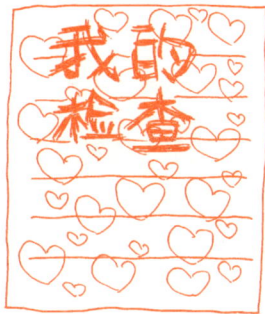

我的检查

字笔，写得像一张公告一样，这样做的含义是：我没有觉得自己真的做错了。或者另一层意思是，怎么偏偏是我呢。

大学的世界好大，高三那种又压抑又宽松的生活比起来简直就是小儿科。现在来看那时想尽办法在出门条上模仿班主任的字迹是多么可笑。

🐌 20岁

马克思主义哲学概论的老师今天上课没有像往常一样让我们把书本翻到第几页看第几段，而是在黑板上写了几个字。她说，写一写这个题目吧。那几个字是"我的理想"。相信谁看了这几个字都会认为这是一个老掉牙的作文题。当然，现在不能叫作文了，要叫论文，不过这篇论文的味道有点让人想笑但是又怎么笑得出来。看着老师那张很有哲学意味的脸，我禁不住想，难道她的潜台词是让我们写一写如何实现共产主义？

我写的不值一提，无非是中规中矩地从"理想"的定义开始进行阐述。这是我在大学里学到的一种方法（论）。方法论和方法很

重要，我始终这么认为。有时候并不是我不知道问题的症结在哪里，但是我就是找不到指导我去解决它的方向。我想，阐述定义应该是方法论当中最基本的一点。

有一个男同学写得很有意思。虽然老师没有把整篇文章在课堂上朗读出来，但也念了有一大半，我在听的过程中理解到的意思是，他写的东西关乎自由。我猜他想说的大概是他的理想是能够自由地生活。不过他用一段看上去很隐讳的文字做了文章的开头，他讲了金鱼和鱼缸的关系，又讲到大海，这就使得整篇文章有点扑朔迷离起来。

老师在做评语时倒没有完全否定这篇文章的价值，只是说，这不是一篇论文，是一篇散文，你怎么能够把作业的要求给改了呢，所以，你要重写一篇。我和那些与他住同一间寝室的男生一起克制地轻声笑了几秒钟。我只是觉得有点滑稽，具体要说是哪一部分滑稽又很难讲。我在想，他重新写的论文如果还是要表达他的本意的话，是不是要从分别阐述金鱼和鱼缸的定义开始。

自从有了方法论这个秘密武器之后，我开始重新思考我的人生。听上去有点严重，但事实就是如此。论文和散文、金鱼和鱼缸、理想和自由……那我又将成为一

个什么样的人呢?

　　在此之前我几乎没怎么想过这个问题。即使想,也是程式化地说一些听来的大道理,爸妈讲的或者老师讲的。有人这么说:从小到大我走的路都是被设定好的,我不用动什么脑子,只要按照指令去做就好了,但其实,我要走的路还是可以有其他可能性的啊!我深深为那个"啊"之后的感叹号感动。我觉得,我也需要好好想一想。

　　爸爸的一个中学同学的女儿也考进了我们大学。爸爸把一张写着她名字和电话的纸条递给我说,你照应一下,如果她有什么需要你帮帮忙。没过几天她就兴致勃勃找到我寝室来了,问了我许多新生都会问的问题,比如选课、自习、图书馆等等,还有一些关于日常生活。我看着她充满对新鲜事物的探究的眼睛,觉得很美好。

21~40 岁

🐍 21岁

很多年后回首往事，这一年会是最令人怀念的 Top5 年份之一。

不过得有几个条件。比如，你当时已经通过了英语等级考试，你不打算在明年毕业的时候考研或者出国，你也没有考专业证书的计划，你家里暂时不需要你赚钱养家，你女朋友也没有逼着你卖血给她买粉饼。总之，你没什么压力。

你的生活出现了一些重要的变化。比如，学校侧门的黑暗料理街已经不能满足你的欲望，但同时你研究出了泡面的第 12 种吃法；你失恋后的恢复期变短了；你周末离开学校回家，但多半时间在外面和朋友厮混，而不是在家里吃妈妈做的午饭和陪爸爸看台球转播。

大学里最逍遥的一年眼看就要这样浑浑噩噩地过去了。近的，不用费心学习，也不怕恋爱发生问题；远的，离找工作还有距离，买房子看起来更遥远。无所事事就是最好的事。跷课出来逛街，看到比你小的背着书包面色晦暗地搂着同样面色晦暗的小女朋友在路边摊吃馄饨，看到比你大的挎着电脑包匆匆忙忙往地铁站奔去，很容易就心生满足。

于是不切实际的幻想就开始在脑海里汹涌澎湃：文艺范儿的人开始考虑将来带着姑娘去远方（或者直接去远方找姑娘）；偶像幻想派的则希望自己可以在某次电影电视剧演员选拔中被相中成为主角（而且必须得是陪朋友去面试时无意被相中哦，否则将来出名了接受陈鲁豫采访时都没什么故事好说）；拜金族的人利用这段时间正经考虑毕业后的创业计划，细致到要向表姐和堂兄分别借多少钱来补足启动资金；小潮人们试图学习黎坚惠，每天换造型拍照片贴到博客，期待被哪位一时昏了头的时装编辑发掘为新一代时尚教父/教母，从此只要每天在电视里告诉大家什么牌子的什么货比较好用就会拥有无数拥趸……所有这些靠谱或者不靠谱的幻想都来得那么天经地义，想想又不犯法，想想不可以啊！就像学龄前儿童的主要任务是玩，我们现在要做的事情也就是像一个真正的大学生那样……混。反正还剩几个月你就得开始准备简历开始找工作了，学生时代真正辉煌的日子其实也不过是眼前这短短几百天，不使劲用完它将来会遗憾终生的。

需要注意的是这一年的另一个特别之处：我们到了法定可以结婚的年龄了。早熟的童鞋们，you们，可以准备起来了。

🐘 22岁

恭喜你，上班了，赚钱了！

但同时你也失去了拿压岁钱的机会。

找工作的痛苦令人不想再回忆，所以我们都想找一份可以一口气多做几年的工作，但是大部分人都在几年后不得不再重复一次找工作的麻烦。在做简历之前，一些女生拍了人生中最贵的一张报名照，竟然比来福士地下一层的正宗日本大头贴套餐还贵，不过PS技术好点的同学就不必花冤枉钱了。招聘会像是鸡肋，知道去了没什么用，又不甘心放弃，人山人海中挤上半天，送出去一叠用便宜A4纸和低分辨率打印的简历，收回来一堆印着公司网址的圆珠笔或环保袋……现在看看手里正在做的这份工，是不是觉得当初的场景像一场噩梦，连自己是几时醒来的都不知道。

考研的人和我们不一样。他们不仅可以继续拿压岁钱，还可以名正言顺问家里要学费。他们仍然在学校里，一边读书一边看看漂

亮学妹上上天涯猫扑，在地处郊区绿化茂密空气新鲜的校园里休养生息，除了偶尔抱怨"老板"剥削他们劳动力有点狠之外，大部分日子比刚开始每天挤地铁上下班的我们好得多。打个比方说，我们就好像刚刚打完银河擂台取得青铜圣斗士 title 的小强，自我感觉已经好起来了，但人家就像天秤座黄金圣斗士童虎一样休养生息，新陈代谢速度都比我们慢几轮，过两年再见面，他们看起来更年轻。

刚刚得到小强 title 的我们，当时都好鸡冻。拿到正式工作后的第一盒名片时的心情和为了找工作面试而第一次发简历出去时的心情真是天壤之别，简直想坐在办公桌旁边内牛满面地仰天长叹，一份简历换一张名片……还真是蛮贵的嘞……等到第一个月的薪水打到人生第一张工资卡里，你大概会把 shopping list 里的东西划掉至少一半，心想赚钱原来那么难。还有些人有幸进了四大或者薪水更高的公司，他们工资卡里的钱比你多，可是他们花钱的时间比你少，你绝对会心理平衡。至于那些一毕业就马上出国的家伙，当你嫌弃他们装腔无止境——比如整天在 MSN 上一边假装抒发乡愁一边炫耀新买的包——的时候，要知道他们要面对一堆目前你还不用去考虑的事情，比如从印度房东那里租一个步行到打工的麦当劳只需要 20 分钟的小房间什么的。所以综合来看，我们没什么好抱怨哒，有一份工作在手就很不错啦。

也有些事情从现在起就可以看到未来。比如，到了这个年纪，

原先就热爱化妆的姑娘们的化妆水准渐渐升级到可以在美容版发帖的程度，每天早上地铁里花 5 分钟就能搞定通勤装；而那些连求职面试时都素颜的姑娘们多半选择彻底放弃这门古老的技术，直到将来拍婚纱照和婚礼当天才会知道自己化妆是什么样。而那将是最近 10 年里除了跳槽加薪之外最值得盼望的事情之一。

23 岁

先来说点儿跟自己没关系的事。

比如，有朋友在第一次跳槽时把自己的英文名字改掉了。在过去的五六年里，她一直把自己叫做 Vivi，现在她觉得这个英文名字会妨碍自己的职业发展：这种卡哇伊路线的名字听起来就好像她要在前台的位置上奋斗终生，这对一个每天要穿小衬衫通勤装去上班的姑娘来说实在是令人不敢想象的未来啊。她把自己变成了曾经觉得好老气的 Jane。Jane 说："这个英文名字听起来勤恳可靠稳重能干！""而且还很正派呢！"我补充。

不晓得当年在学校里和我们住同一层宿舍的那些 Yuki、Yoyo 有没有把名字改成看起来更靠谱一点儿的远离前台的版本呢。考上了公务员的话就不用改了，她们可以以小王小张小李的身份走在光明而稳定的大道上。

有同学结婚了，但我一点儿也不羡慕她们。我对不用背贷款的房产尚无明确概念，倒是觉得那么年轻就得每天回家跟同一个人吃饭会是很容易令人生厌的事。

然后再来说说自己。

我老早就做好了心理准备，会有一堆坏事挤在即将到来的本命年里发生，但是讨厌的事情在这一年就陆陆续续发生了，真担心这会是明年那一年霉运的热身期……

拣条最重要的说吧，我被劈腿了。

漫漫人生路，总会错几步，在第二个本命年之前失恋也不算什么大事。

我一开始很难过，喝了几瓶啤酒，找了几个朋友吃了几顿饭，就不那么难过了。而且，我的好朋友也失恋啦！对，我用了"而且"这个词哦。有人跟你遇到一样的倒霉

事时，感觉会好很多的。"孩子，有什么不开心的事，说出来让大家开心开心啊。"我和死党严格遵守这条规范，娱人娱己，好报很快就出现了——当我们互相倾诉了一番之后，心情好得想要马上去短途旅行一下，这时候呢，死党从钱包里翻出了一张便捷酒店积分卡……于是我们就去杭州玩了，住在用酒店积分换的免费房间里。这个故事告诉我一个道理，分手后不必急着把和 ex 有关的所有东西都扔掉。

　　我想想还发生了些什么……呃，重新变成单身后，我自己搬出来住了。身为《Friends》死忠粉丝，怎么可以不体验一下彻底自力更生的生活嘞！可是很多事情真要做起来，跟想象中还是不一样啊……是完全不一样！原来除了房租之外还有一堆 bill，原来跟不是爸爸妈妈的人分享同一个卫生间会那么麻烦（尤其当合租的人是一个爱打扮的姐姐时），原来每天叫外卖或者在外面吃饭的花费会那么高，原来隔几天去菜场超市买菜也是很容易令人生厌的……所以，作为一个本地人，我租房住的生涯只维持了半年而已。

24岁

　　记得就在本命年之前半年，吃饭的时候，一个朋友对我描述了他朋友的本命年悲惨事迹。说那个小伙子在本命年就是特别倒霉，恋情告吹，之后感情一直都不顺利。就连好好在浴室洗澡都会发生爆炸。在他灰心无比的时候遇见了一个性格很好长得也很好的女孩子。他们恋爱了，日子很幸福。某天早上他们相约一起去上班，就在那个男孩子转头去买早饭的时候，女孩子被车撞死了。

这大概是我听过的最具现场感的故事了。无数人都在和我描述，在本命年会倒怎么样的霉，但是真没想到还有这样霉法的。所以今年如临大敌，老妈用红色把我从头武装到脚，在办公室说每句话都三思一下，有意无意查看女友的手机。

但霉运来了真是怎么都逃不了，一切能想到多狗血就有多狗血的剧情在我身上挨个发生。比如，好端端走在路上莫名其妙被一个小孩的可乐泼了一身；比如，战战兢兢过了大半年还是和老板闹矛盾最终被炒了；比如，郁闷跑到街上散心发现女友依偎着一个身材高大的男人在逛街。那段最难熬的日子我真的几乎要崩溃。还好有本命年这个概念支撑着我——只要挨过大年三十，一切就会柳暗花明！有了这样的想法，面对一切不顺利的事情的时候反而开始坦然，也为新的一年开始努力准备。

事实证明并不需要到大年三十才会真的结束霉运。在离本命年结束的倒数第二个月，我找到了一份比原来更好的工作。在新公司里我遇到了大学里暗恋过的女生，她原来也对我有感觉。剧情忽然峰回路转。

本命年最后一个月，我把身上所有红色都卸掉，日子也过得很平和。

快要过年的时候，路过一条街，有一个人算命，看样子就要收摊了。一时兴起蹲了下来，问算命人我以后的本命年会不会还那么霉，他看了我一眼说事在人为就走了。

我想也对，人生总有波峰波谷，我们只是借着本命年来感叹自己的时运不济。大部分时间，在面对挫折的时候忍忍也就过去了，就当是一时的不顺利。加诸了本命年定义的霉运只是更加凸显了不走运的连贯性而已。也是该提醒自己有这样一段时期，这样可以在以后变得更坚韧。人生中的确存在低谷，但若就此消沉，就会不断跌落。

也许本命年是有说法的，但肯定没有人们想的那么大。

外来的摧毁能够坚强顶住，但自我内心深处的摧毁才是最消磨人意志的。

不要被其左右。

背运而战，才能有好运垂青，重立云端。

25岁

　　25 岁好像是一座分水岭。即使本来它不是，也因为这个数字的末位数 5 而变得富有意义起来。我们的传统教我们相信凡是逢 5 逢 10 都多少带有一点圆满、吉利的意思，或者至少有一些与平时不同。

　　我是在 25 岁生日那天发现，原来生日也是可以被忘记的。因为之前的每一年即使我自己不记得，爸妈也会说："今天你生日，我们吃大排面好不好？"大排面是我从小到大在面条类里的最爱。高中毕业那年暑假和朋友去上海周边的一个小地方玩，地方的名字已经不记得了，只记得正好碰上我生日，于是晚饭的时候我们找到一家小馆子准备点大排面吃。结果服务员面无表情地告诉我们："没有大排面。"我们对于这个回答感到很诧异，不甘心地问了一句："那是没有大排还是没有面？"原来，面条还是有的，只是没有我爱的

红烧大排那种做法。最后我们吃了荷包蛋面。

25岁生日那天，直到老板喊我加班的时候才想起来，今天是我生日啊。因为不想加班，所以想起了生日这回事，不过，即便如此也还是要加班的。打电话和爸爸妈妈说不回家吃饭，他们也没有想起生日这回事。虽然我不那么在乎，不过多少有一点失落，还有一种莫名其妙的悲壮情绪混杂在里面，类似于"我真厉害，可以把25岁的生日都忽略了"。

就是在这一刻，我思考了一下我的人生。好吧，说人生有点言过其实。我思考了这几年以及这几年之前读书的那十几年。后者对于我此次思考的意义在于，让我发觉现在和以前是有多么不同。毕业之后我换过4份工作，其中3份属于同一个行业，1份偏离其外。那一次对于新行业的尝试并不成功，当然，这不代表所有此类尝试都会不成功，转型成功的案例也比比皆是。我只能把那次失败归咎于运气不好。或者再加上点我自己的原因就是对那份工作存的完全是一个"抓到篮里就是菜"的心态，况且那是我第一次跳槽，除了庆幸终于跳出火坑了也无暇顾及其他。在换到第4份工作之前，我都以为工作中的不开心、焦虑、与人沟通的障碍以及其他种种烦心事都可以通过跳槽来解决——不想在这家公司上班可以去那家公司，不想做这个行业可以做那个行业——可是后来我才知道事实并不如我想的那样。"这个"和"那个"没有多大区别，工作总会碰到不开心、焦虑、障碍及其他烦心事。不止如此，跳槽也是有成本的，交接手续所占据的精力和时间，时间差造成的经济损失，隐含在陌生环境中的风险……想明白这些之后，如果跳来跳去做的只是差不多的事，我还是懒得跳槽了。

26岁

网上有一篇特别讨厌的帖子，你看过没？

对，就是问你26岁时在干嘛的那篇。

那个帖子告诉你，周恩来已经是黄埔军校政治部主任，邓小平已经领导了百色起义，爱迪生在那一年已经发明了二重发报机，比尔·盖茨创办微软已经第6年，潘石屹开了自己的房产公司……在帖子的最后还来一句"现在，大多数人26岁时，在找工作"，真贱啊。

可仍然有安慰，比如，敬爱的关羽先生在和我们同龄的时候，还在卖红枣，杜甫26岁时没工作而且还没考上公务员。

但我为什么觉得即使是关羽和杜甫，还是比我状态好一些啊！

~卖红枣嘞~

至少他们不用背债就有房子住对吧。我喜欢看成功人士传记，尤其是发达得特别晚的那些。如果是已经死了的人的传记，我就会把他们名字后面那串看起来仿佛电话号码的数字的后4位减去前4位，看看他们都活了几岁，要是出名早但是死得也早，我就会阴暗地默默感到安慰。这真是猥琐又不上进的习惯啊。

话说我也没多少时间看传记，我连报纸都很少看了……我也没在忙工作……

喂那你到底在干嘛啊……

好吧……我花了好多时间来焦虑。工作已经4年了，不算坎坷，没遇到过什么太大的小人（呃，能理解这种表达么），没闯过大祸，没被炒掉过。但是这4年里，升职很缓慢，远一点儿的没看到马吃夜草人发横财的机会，近一点儿的甚至没看到跳槽的方向。

我得做点别的事儿。

我查了查自己的积蓄，问了问父母的意见，打听了一下有经验的朋友们的建议，我决定出国读个学位。有人高中毕业就直接出去读本科，那些人多半是打算在国外混下去直到换到绿卡，像我这样的又是庞大的一群，出去混个学位就回来。

以前以为出国会是很麻烦的事情，但实际上真的决定了，准备起来也就是几个月而已。申请学校，考试过个语言关（如果是早早谋划出国的话，就可以提前笃笃定定去考试了），拿到offer，把该准备的准备好（呃，钱！），申请签证，拿到签证，买机票，准备东西，然后……准备两百块钱……打车到机场吧……

有能耐有脑力有实力的童鞋们是等着各大名校给他们发offer然后头大如斗地考虑选择去哪一家边读书边享受用奖学金旅行的乐趣；有理想有追求有目标的童鞋们则可以选定国家，选个某专业特别强大的学校，再花好多力气去考个雅思高分什么的，申请一个虽然没有奖学金但起码将来真能给自己镀金的学校；而对我这样的毕业4年看不到前途的失败上班族来说，选择方向倒也变成了简单的事。我选了只需要一年就可以拿到Master学位的那个国家，看看家里的存折，选了个消费最低的城市，然后只要在那个城市里选一个差不多过得去的正经大学，报一个跟自己本科时的专业或者工作内容差不多有点搭界的专业，就等着拿offer了。

一切都很顺利。

我需要他们让我在4年没有起色的工作之后找到一点点安全感，至少让我觉得自己在做些什么。而他们需要我去付学费，为一个国家的重要产业作出一个海外失败上班族的贡献。

在邓爷爷领导了起义、爱迪生发明了二重发报机的26岁，在

关羽还在无证设摊卖枣子、杜甫还没考上公务员的 26 岁，在我花了 4 年发现自己卡在瓶颈里的 26 岁，我出国了。

学校和我都不算特别挫。这样我就很满意了。

27 岁

我发现一个人出国没我之前想的那么可怕，因为很多一个人攒在一起就是一堆人，我甚至可以在下课后和同班的另外两位同学到学院咖啡馆去用家乡话聊天。

我发现在独自出国混的人群里，27 岁也不算很老，17 岁也不算很小。

我发现 23 岁时跟人合租房子住的那半年原来很重要，独自去超市或者中国城买菜回来做饭对我来说一点也不难，和 housemates 轮流使用浴室也不算麻烦。

我发现 SKYPE 真是好东西！我估计爸妈也这样想。

我发现这里的人不像传说中那么绅士。

我发现名牌在这里不那么贵，即使这样，这里的人也不追名牌。我还学会了如何在国内甄别浙江福建籍的意大利法国名牌。

我发现以前在留学论坛上看到的关于龌龊同胞的很多事情原来都是真的。

我发现很多事情不用去争论，你可以用"呵呵"来表达不同观点，也可以用"呵呵"来暗示讨厌的人闭嘴。

我发现在咖啡馆快餐店里的外籍打工人士中有好多硕士啊。

我还发现两个人生活真的要比一个人生活容易得多。我不止一次想起那些刚毕业没多久就结婚的同学，二十二三岁时我不明白她们为什么那么早放弃自由，现在觉得她们才是思路清楚的人。结婚最早的大学室友，她的女儿现在已经3岁了。在她精力最充沛的时候，她有力气照顾好小宝宝，还可以迅速恢复身材；等到30岁出头需要在事业上搏一把的时候，孩子都上小学了，有学校老师帮着一起照看了；等她的孩子十几岁青春期坏脾气大发作的时候，她距离诡异的更年期还有很远的距离，要处理母女关系应该会比较容易；而等到那个小女孩大学毕业可以赚钱给她买礼物的时候，她才不过46岁哎！

我想我知道毕业回国后要做的最重要的事是什么了，我是说除了找工作。大部分同学朋友都赶在我前头了，这一年似乎是高峰期……我以不在国内这样一个堂皇的理由，躲掉了好几场婚礼，逃

掉了好几只红包。

在我发出以上那么一大堆感言之前，最重要的是，我发现时间过得太快了。上课啊做作业啊考试啊写论文啊，都像打仗一样，对于不看课本已经三四年的人来讲还真是麻烦。刚刚适应过来，一年就快要过去了，最后一门课就要上完了，论文题目也就定下来了，再过几个月学位就到手了，那我也该回去了。还好在假期里在国境之内到处转了一下，拍了一堆也许将来再也想不到要去看的照片，贴到博客里，发到论坛上，做成 MSN 头像，亲友们叽叽喳喳留言评论一番，到此一游的回忆就被扔进硬盘里了。

至于拿到学位后到底是回家还是留下来找工作呢，我没有被这个问题困扰过。

28岁

我回来了！远大前程在等着我！

就算暂时还显得没那么远大，我也不抱怨。

就算这年头海归很容易沦落为海待，就算现在开工资行情比不上前些年，就算我搞不好还是会继续去做出国前做的那个行业，但……至少……我能用中国食物来抚慰我的中国胃。

在上班高峰时间每半小时能卖出90多杯饮料的星巴克打过工之后，我就懒得去享受虽然非常客气但是慢得很的咖啡馆服务了。更何况，当我可以在每天上班之前吃一客生煎包或者一份蛋饼再加一碗小馄饨并且花费只不过50便士的时候，谁还想喝两镑多一杯的咖啡呢。

我找到了一份工资不上不下、工作量不大不小的工作。没能达到一年半之前的期望，但对现在的我来说也还算不错了，因为我的期望降低了。我不会去跟那些拿了奖学金出去还没毕业就被几家大公司抢来抢去的牛人比，也不去和那些没花家里钱、没出国、把自己积蓄用来投资于是赚了好多钱、并且因为时间和机会成本都被省下来而在公司拿着比我更高的薪水坐着更高的职位的同龄人比。话说回来，我也相信花了一百多万在北欧学了4年酒店管理回国来做酒店前台的表弟不会来和我比。

新工作上手很快。让我对新环境和工作量应付自如的，不是过去一年换来的学历，倒是作为去年插曲的那几个月打工经历。书上教你画表格画流程来做时间管理，倒不如快餐店的 supervisor 教你的经验更有用——能在半小时里做出最后几只汉堡并且完成结账清洁拖地倒垃圾这些事，有了这样的八爪鱼技能，对工作里的 deadline 就不紧张了。

新同事还算容易相处，新上司和我应该互相看得顺眼。我不用很醒目，不用很出色，我只要跟大部分人差不多就心安理得。

新男朋友……就不需要了。旧的还没出现质量问题，一切顺利的话，就是他了。

他应该也这样想吧？所以我们带对方参加自己家的饭局，带对方和自己家的平辈人一起 K 歌，这很能说明问题了吧。

我们在一个国庆假期赶了 4 场婚礼，有资格坐主桌的人越来越少，好在我们俩起码还不是单吊。早婚的女人们身材还是像大学里时一样窈窕，面孔完全没有老，她们的孩子在婚礼中上蹿下跳，口齿清晰地对我大叫阿姨好。另外那些人，跑过来跟我打招呼问好，最关键的话题就是"你打算什么时候被彻底套牢"。我想她们虽然结婚比我早，但小娃娃可能还没来得及造，直到她们拿出手机来打开相册给我看："喏，这是我家宝宝。"

那好吧，我们得抓紧了。

否则我真担心自己还没来得及结婚，有一些朋友就已经离婚了。

🐤 29岁

我变成了多年前自己鄙视的俗气人士，我毫不犹豫地把20来岁时说过的幼稚的话扔到柬埔寨的树洞里去了。

在扔走之前让我再回忆一下当时说了些什么："结婚不过是一张纸的事情，如果真心互相喜欢的话，没有证书也不会分开；如果会有问题，就算有结婚证也早晚会分开啊。"现在我仍然相信结婚是一张纸的事情，但我需要法律的保护，呃，至于约束就都凭自觉吧。

应该快了吧。你瞧，我们都一起去看房了。虽然撅着嘴抱怨房价贵得没人性，虽然眼红留学所在的岛国的人民可以用在上海买两室一厅的价格买到别墅，虽然看看两个人的工资卡都觉得心虚得不

得了，但是事到临头还是软了，缩了，傻了，服了，俗了，默默地承认不买不行了。

我们拥有了一套自己的房子，我们的第一套房子。和其他大多数并无异能的同龄人士一样，我们让父母帮忙付了首付，自己付按揭。

你知道接下来要发生什么对吧？

我们装修了自己的第一套房子，装修时必然不能免俗地吵了吵架，并且再次和其他大多数并无异能的同龄人士一样，多多少少被建材商和装修队斩了小小几刀。

在这个过程中，我们抽空去领了证。填了表格，交了照片，被告知要走进里头的一间小房间，走进去后就有位阿姨出现了，把红本本给了我们。哇，照片上已经敲好了图章哎！我只知道结婚是一张纸的事，但没想到这张纸出来得那么快，我觉得才两三分钟而已，效率好高！

房子在通风中。我们在忙碌中。

我以前一直以为自己就算结婚了领证了也至少可以不办酒席不要仪式的。让我再从树洞中捡回20岁时说过的另外几句废话：排

场搞得再大，到时候该离还是得离；看现在那些离婚的，当年喜酒不都办得挺热闹嘛！

　　20 岁的自己勇气可嘉，当时的我没有想到，仅仅过了不到 10 年，自己就会为了拍一套做作的、把别人家别墅区当作自家城堡的、把森林公园小湖浜 PS 成天鹅湖的婚纱照而玩儿命减肥。

　　但我也没有俗气到底，比如我们没为结婚去香港采购，我们也没有请本地滑稽戏演员或者电视台三线小主持人来主持婚礼……我还没有买自己一向讨厌的白金镶钻石戒指，你看，我多少还是可以在随大流的大事件中保留一点自己的小坚持。只是，在解释自己的怪脾气时，我还扯上了一个堂皇的理由：人家宁可快点还房贷……

　　这是多么大的事件啊，虽然我们只花了 3 分钟来获得法律认可，但光是排队等酒店就等了半年。正因为婚礼是那么麻烦的、难于计划更难于执行的事儿，所以我更要保持乐观，不愿意在"婚姻"之前加上"第一次"作为定语。

　　29 岁是"听起来还很年轻"的日子的最后一年，第一套房子，第一次婚姻，该为家族负责的事在这一年似乎应该都搞定才行。我们都尽力了。

🍵 30岁

做问卷调查的时候，我的年龄层次向上提了一档。曾经可怕的年龄，也就这么着来了。

我没来得及反应，即使在29岁的最后一天，我写了一篇超长的日记来缅怀过去展望未来帮自己做好心理准备，但当30岁的第一个早晨到来时，我还是很难过。一个时代过去了，就这样过去了呀。

我是"只有30岁而已"呢，还是"都已经30岁了"呢？

如果是在古代，我们已经把半辈子时间都耗费掉了吧。可是现在，我和我那位已经31岁的另一半仍然保持每天睡觉前看一集动画片的习惯，去年是《辛普森一家》和《海绵方块》，今年还多了《Keroro青蛙军曹》。可是即使我们有着如此装嫩的好习惯，"30+"还是势不可挡地来了。我不见得每天早晨刷牙前都对着洗手间镜子大喊三遍"Vivian"来沾沾人家的福气吧——徐若瑄和周慧敏都叫这个哎，她们倒真的看起来不像是30+的样子，天知道她们在30岁时有没有恐惧过伤心过。

死党安慰我：别怕，实在难过的话就打电线杆上小广告的号码，做个假的身份证，再做个假的户口本，裱起来装进相框，每天早晨多看几眼就舒坦了。

我不去干违法乱纪的事儿，我去找我堂兄喝茶聊天。堂兄都40多岁了，还在和大学里的小女孩约会。天啊！这是什么样的心态啊。潇洒倜傥的堂兄说了一通道理，然后他的手机响了，他就撤了。我决心不让老公和他多交往。

还没计划要孩子，但偶尔会想想。

"等我们的女儿出生时，××家的儿子都已经5岁啦，可以考虑让他们长大后交往一下哦。"我觉得如果有个女儿，我就可以尽情地替她打扮，所以我假想中的小孩一直是个小姑娘。

"不要女儿，要儿子。"我的另一半，让我们称他为海绵方块粉丝君，说。

我想起他是家族中的独子："啊，你重男轻女吗？！"一边说一边就有点不开心了。

"不是啊，明明是因为我太喜欢女儿了嘛，"他看着天花板，脸上浮现出霍莫·辛普森的表情，"等到女儿长到十四五岁，如花似玉……但有一天我下班回家开车经过学校附近的弄堂，看到她被一个脸上都是青春痘的小混蛋搂在怀里狂啃，我会受不了的，我会下车去揍那小子的！"

他说这话时看起来更像霍莫·辛普森了，呃，也有点像樱桃小丸子的爷爷（发音是"也爷"哦）。

我也幻想了一下，要是我们的孩子是男孩，万一他二十五六岁时带个穿渔网袜的不良少女回家可怎么办，万一那女孩趁我们不在家时把我儿子推倒在厨房桌子上……给他做纹身可怎么办，万一……沉浸在这样的幻想中的我和我家海绵方块粉丝君，怎么可能是30岁以上人士呢！好不公平啊！我想哭！

只有当想到以下事件时我才会冷静下来：怎么才能把房贷还得更快一点啊？什么时候可以买车啊？

喜欢看动画片的另一半于是也陷入了沉默。翻个身继续睡，明天起来还要去上班。嗯！

31岁

参加表妹婚礼，不再坐主桌了。那一刻才突然觉得自己是大人了，囧rz，原来我都31岁了。

在网上买了很多东西，一边淘便宜货一边觉得自己好会省钱。又一转念，像我这样的人是不是永远不会发达啦？

富豪榜上有比我年轻的人了，我没觉得什么，但我家另一半偶尔会叹气。

我们的事业都不错，他在考虑过两年离开公司自己做事，我在筹划什么时候要个孩子，到那时候就得买车了吧。

房贷还在慢慢还，一切都很顺利。综上所述，经济状况一如既往，但升职加薪希望很大。对于31岁的已婚人士来说，家庭收入是否能跨过那道坎，还挺重要的。

除了偶尔在做头发的时候翻翻理发店里的时装杂志外，我自己也不掏钱买那些玩意儿了，有什么用啊。我不再关心那些每一季来回炒的时装趋势，我不需要知道哪些时尚中人才是最潮的。我已经知道自己穿哪些颜色显得皮肤白，也了解哪些款式穿了最能掩饰我的小肚腩，还很清楚哪些衣裳既可以上班作为通勤装、又不至于在逛街和聚会时显得太 boring。我也不用杂志教我怎么化妆了，从拥有第一套化妆品到现在已经10年了，怎样让自己看起来成熟可靠一些、怎样让眼睛显得更有神一些、如何掩饰加班熬夜后留下的黑眼圈，都已经不再是难事。你给我看

一个眼睛睁开只有5毫米宽度的厚嘴唇塌鼻子女模特如何给自己画一个3公分宽的宝蓝色眼线而且还花了4个页面来介绍这样的妆容是如何诞生的，对我来说有什么意义呢！

　　我家另一半倒是开始看时装杂志了，他试图在32岁高龄尝试常青藤预科生风格的衬衫加羊毛开衫加铅笔裤和老式牛津鞋的时髦搭配法，可是日益突出的啤酒肚和略微后移的发际线却让他看起来有些像我小时候的隔壁邻居叔叔……倒是他的年轻女同事会夸他一句："哟，你也潮人了嘛！"

　　要是回到五六年前，我会很乐意听到别人赞赏我男朋友的着装打扮，这是我当年作为年轻女生的幼稚虚荣心的来源之一，但是到了这个年纪，又是已婚的身份，我对这类赞美倒是感到警惕……警惕完了又觉得自己好小气啊，真像是没见过世面啊，为什么要这样敝帚自珍啊……如果我家另一半听到我对他用了这个成语，会不会反过来嘲笑我啊——"32岁的男人可还很年轻，减肥成功就可以继续扮时髦，可是31岁的女人就……明明应该是我对你敝帚自珍才对吧！"

🐤 **32岁**

计划开始繁殖。

就算顺利怀孕，我也已经是高龄产妇了。想想我大学室友的女儿已经小学 2 年级了，等我的孩子上中学她女儿都能来我家当家教打工了吧……

真的怀孕了，就要开始人生中最麻烦的 9 个多月了。虽然在那之后会是比最麻烦更麻烦的十八九年，但现在我暂时不去想那些，我得顾好眼前。我做的第一件事，就是把家里的那只猫咪送到娘家，让父母帮忙照料一年。接下来，我只能去看望它，但不能和它拥抱打闹亲亲脸蛋了。一开始，猫咪很不开心，对我很是埋怨，我心里也很舍不得呢。我每次看到它，都要对它说：等宝宝生出来了，我让 ta 叫你阿姨吧！

我家另一半本来就很少抽烟喝酒，对他来说没什么特别麻烦的。但要把薯片和可乐还有快餐戒掉，大概还有点儿小小的困难。

更重要的是收入和存款，我们要为将来突然增加的大笔大笔的支出做好准备。我一直很想不通养个小娃娃为什么要花那么多钱。我们的父母年轻时，家里没有那么多钱，妈妈不也生出了健康的娃

娃吗？以前只觉得是我的那些"过来人"同事朋友太大惊小怪了，有必要花那么多钱去买那些只穿一次而且还很难看的防辐射服吗？轮到自己做孕妇了，才体会到那种"即使心里觉得勉强但也只好去买，因为如果不买就会感觉更不舒服"的状态。

孩子出生前最大的一笔开销在我怀孕3个月的时候就发生了：我们买了辆车。虽然在养车停车费用这件事上稍微纠结了一下，但最后还是买啦。家里有孕妇，将来还会有小孩，这就是天大的理由。

我成了一个事事小心的人，我不提重物，不吃辣，不碰垃圾食品，远离抽烟人群，不穿高跟鞋，不穿单薄的衣服，就算感冒也不吃药。

我成了一个事事关心的人，我关注奶粉，关注食谱，关注气候变化，关注没来得及补上的蛀牙，关注自己身体的任何一点不一样，我还整天看帅哥美女的图片，常常听莫扎特的音乐。

我不能在电脑边呆太久，论坛就去得少了，帖子也不太看了。我不能喝酒也不能乱吃东西，所以朋友聚会也不去了。我唯一保持的乐趣是每天临睡前看的那集动画片或者美剧，但已经从情节紧张的剧集改成了轻松肥皂剧。经典中的经典自然还是炒了十几遍冷饭仍然爱看的《Friends》，和过去的区别在于，现在我最喜欢看第8季——

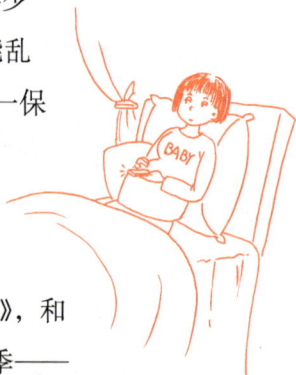

在那一季，瑞秋·格林是个孕妇！

🐣 33岁

刚出完差回来，东西一扔就躺在床上，愣愣地看了会儿天花板。家里冷清得没有一点烟火气息。忙忙碌碌到了年末，虽然温度并没骤降，却觉得今年的冬天特别冷，出门就把自己全副武装了。想起从前大冬天穿着裙子出去蹦跶吃着冰糕，这刻想来突然觉着有点不可思议。

眯了一会儿眼，醒来看着窗外耀眼得过分的阳光，想起今天我居然在机场碰到了他——刚刚踏入社会时太忙太动荡，甚至几次在机场匆匆错过；哭过闹过争论着谁爱谁更多，却都是谁都不服输，爱得再深刻最后不过一左一右地分散，谁都不知彼此踪迹。十年之后的重逢，他成熟了许多。我看到了他，他亦一定看到了我。却只是目光平视前方，越走越近，然后在瞬间擦肩。好像年少光阴里的那些眼泪和欢笑扑面而来，再瞬时消逝。想着要回头，最终叹口

气。没有。

明天又是大学同寝室姐妹们的聚会，去小丽的家。打开行李，找出给她们带的礼物。在机场免税店匆匆挑的，已经没时间在当地逛了。记得我们年少的时候，挑礼物都是十几几十块的，却费尽心思。现在却是刷着卡，看帐单上的几个几个零。却不知道手里拿的到底是什么。

给言言带了迪士尼的项链。言言练琴时候专著的样子，总让我想起我的那些年，那个执着的自己。

可是现在，我连弹练习曲都很费劲了。现在言言常常笑我，小阿姨你又弹错了啊，然后示范给我听。手指已经僵硬，曾经平滑而闪耀着光泽的手背，不知道什么时候开始慢慢松弛。原来随着时间忘却的不只是记忆，还有所有曾经的美好。

每次聚会都有一个主题，每人写一篇命题作文，然后围坐一圈读出来，十年来一向如此。什么都没写，出个差还压了一堆工作，看来今天晚上要好好熬一下了。挣扎着从床上坐起来，打开电脑收小丽发来的邮件，"十年后的我们"——依稀记得十年前做过同样的话题吧。

年纪大了啊，记不清楚了。十年后的自己？满面皱纹？四十而

不惑啦……

　　我摇头兀自笑了起来，盛放的阳光照在紧握的铅笔上，把笔杆拉得又细又长。像十年前怒放的青春里，那一抹，隐隐的忧伤。

34岁

　　职场小说大行其道，但我总觉得那些书是一些像我一样的人写给另外一些像我一样的人看的，大家都是一票货色，哪来那么多东西可以学来学去呢？厉害的人是不需要看这些的，对种种规则心知肚明却永远不会说出来。

　　老板成为老板总有道理，一个助理是不是会有出息并且能在短短几年里超过你，也没什么规律可循。

　　我既没有横财也没有夜草，以目前的状况也不指望迅速地晋升。对一个需要花费大量时间和孩子在一起的人来说，把全身心投入到工作中去是不大现实的，尤其对我这样乐于笃笃定定过日子、从小距离中队长大队长之类职务很遥远的人来说，咬牙切齿拼命工作也没有必要。换了十年前，我会觉得女人要和男人一样在事业上用尽

全力，这样才能在恋爱或者婚姻里保持自己的经济独立和地位。现在我觉得一个家庭有一个人在外头打拼就够了，男主外女主内是用了几千年仍然有效的规则，我家另一半工作比我辛苦，那么在家我就多承担一些。我从一个迷糊女青年变成了一个通情达理的女人，这个过程我不知不觉。

但即使是不想卷到办公室政治里的人，也难免会遇到点麻烦。我的发展不算快速，但还算顺利，升职到小小的管理层，有了小小的权力和大大的压力。独立操作，常在河边走，哪有不湿鞋，好在我不再像过去那样习惯于先从自己身上找问题了，又不是人人都适合你跟他们讲道理。妈妈说这是退步，但我觉得这只是对自己更公正一些。

点背不能怨社会，但也不能怨自己啊，你说对不对。到了34岁，我才发现有些事比较需要关系，有些事比较需要运气，很多事情不是你通过努力就能做到的。

我对杂志和网站上的星座占卜失去了兴趣，如果1/12的人类都和我在同一个星期面临差不多的问题，那我的问题也就不算是问题了。如果所有人都跟他们的太阳星座特征一致，我可以省多少心啊！

比如，对于华丽气派的狮子座老板我只需要赞美应和，对于不拘小节的射手座同事我就可以轻松共事，而对谨慎小心的处女座助理我能放心放手让她去做事……我都30多岁了，已经工作那么多年了，已经是孩子的妈了，我还是对人性的复杂望而生畏。如果每个人出生的时候就像是玩扭蛋一样，盒子里装的是什么早晚会清晰展现就好了。

　　不擅长揣摩人心，我只希望我能把自己的孩子教育成一个简单一些的人。可是那样又会很麻烦，她将来长大了会不会混得很惨……这种想法在回到家的一瞬间就会打消，看到我的小娃娃冲我笑跟我闹，能听到她奶声奶气地说怪话，谁舍得把那些俗气世故的道理说给可爱的小玩意儿听呢。这种时候，我心想，那个项目算个屁啊，那些白天还让我充满挫败感的家伙，你们羡慕我还来不及吧。

35岁

　　前几年我常常责怪那几个"没劲"的女朋友，她们很少参加聚会，即使来玩也是晚来早走，说来说去都是孩子的事，手机屏保电脑桌面全都是娃娃照片，逛街时一掷千金买的也是小孩子衣服。当时我不能理解她们，但这和现在的感觉不一样。如今我也花了很多

很多时间在家里，我要和我的小娃娃在一起。

都说 7 岁的小男孩是地球上最可怕的生物，因为他们有好奇心、行动力、破坏力以及《未成年人保护法》，那么更小的娃娃大概可以排进银河系恐怖生物前 3 名之内：饿了等不及 30 秒就哇哇叫，被忽略 3 分钟就大声哭，说闹就闹，说尿就尿，想当初我们哪儿有一天能好好睡觉！好在她 3 岁了，成了个又甜又乖同时又很擅长说怪话的小女孩，夜里我可以放心睡个安稳。却有更多事情要担心：她走路总是很急，容易在家里跌倒；她很快就要去幼儿园了，小个子的孩子会不会被欺负呢；她性格开朗不怕生，这样是不是更容易被坏人拐走……

带孩子真是辛苦啊。我想象了一下爸爸妈妈年轻时的状况，更觉得他们了不起。那时候他们没有大人帮忙，也请不了保姆，每天上下班还要花很长时间在拥挤的老式公共汽车上与人肉搏，可他们还是把我从小毛头养成了能自己读书写字的大孩子。

带孩子真是幸福啊。所以我们的父母们在 60 多岁的时候仍然争着抢着要带宝宝。对他们来说，带孩子的辛苦和孩子带给自己的幸福相比，不值一提。两边的父母之间多少有点明争暗斗的意思，抱着宝宝问她最喜欢谁，总期待娃娃说出的那个人是自己，亏得小人精见谁就说谁好，于是大家都很高兴。这孩子像谁啊，我小时候怎么就没那么精的脑袋呢。

如果不去和精英人士以及巨富之家相比，这个年纪的普通女人该有的我都有：靠谱的配偶，风平浪静的婚姻，结实可爱的小孩，身体健康的4位家长，潜力还算不错的工作，一套距离市中心不算很远的房子，还有一辆不算好也不算坏的车子……差不多符合油烟机和味精广告里的那种五好小家庭的标准。但是，普通女人们拥有的还不止这些，别忘了细细的皱纹、淡淡的雀斑、不再那么紧绷的皮肤和日益松弛的肚皮和屁股。

理发店里的人总是试图向我推销那些听起来无比神奇和深奥的美容项目，αβ真金白银神秘香薰极地生物什么的。我至今对在美容院做脸仍然有深深的抗拒心，那些东西不在我的见识范围内，我的常识告诉我没有必要。我是说没必要把大把的钱塞到那些陌生人的兜里。

我已然是一个越来越实惠的人，集职业女性的兢兢业业和家庭妇女的克勤克俭于一身，有钱宁可全家去旅行也不会买不实在的东西——哟，这不就是我20来岁时觉得很boring的女人嘛。

"心里一抖"的状况越来越少。不过，这年初冬的一个早晨，起床后我

突然想起了一件事，就有点伤感。我还记得多年以前那个35岁退休的理想，但它不可能实现了。

36岁

　　我在大概3岁的时候，跟父母去西郊公园，在天鹅湖边看着看着就开始背骆宾王那首著名的只有17个字的诗。这让我妈当场流下了震惊的泪水，她觉得我是天才，我有成为文学家的可能。

　　我在大概5岁的时候，参加绘画班，却因为坐不定、不肯按着老师给的样子画，被迫转移到一个叫做"儿童想象画"的兴趣班里去，其实就是随便你乱涂鸦的那种。结果我参加了一个儿童乱涂鸦的画画比赛，拿了个小奖，赢回家一只塑料咖啡杯。这让我妈又一次震惊了，她相信我有美术天赋。

　　我在大概7岁的时候，参加手风琴班，在第一节课上因为老师一句"大家都会唱《小星星》吧"就冲上讲台对着满屋子的小朋友和他们的家长们把那首歌唱了一遍，在第二节课当众大声说"这课太没劲了，我们回家去吧，爸爸你还可以把手风琴卖掉"，被爸爸抽了耳光领回家。妈妈虽然不太高兴，但她发现我至少是一个诚实、直率的孩子，虽然不求上进但还蛮有个性。

到我大学毕业的时候，一次奖学金也没拿过，专业八级也没考出来，别的同学都考了的各种证书我也都没去考，只有一张基本配置的学位证书而已，找的工作也不是什么大公司高工资的。妈妈总拿她朋友们的孩子努力找到好工作、考出执业某某师资格之类的事情来鼓励我，但说完之后还是会叹口气，说，你现在这样稳定点轻松点也蛮好……反正卡夫卡和爱因斯坦也都做过小职员嘛。

> 只要你微微笑
>
> 世上最美的问候
>
> 成败纷乱上心头
>
> 因为你柔柔的手
>
> 怎样的未来
>
> 都能抵挡勇敢承受

张艾嘉的《心甘情愿》，我在 20 岁时听来完全无感，10 多年后再听就不一样了。

我理解了为什么当年妈妈会觉得我是如此天赋异禀，因为现在我也这样看自己的孩子。

妈妈在我现在的年纪，拿到了我在画画比赛中赢来的塑料杯子，这是她当年眼中最宝贵最奢侈的东西吧。我在36岁的时候，看着不到4岁的孩子抓着蜡笔在纸上涂涂抹抹，即使她没参加兴趣班、没参加比赛拿到奖，我也很激动啦：看她画的小白兔多白啊，看她画的小红花多红啊，看她画的大象……多大啊！

我不用她参加早教班，不用她在7岁前学会英语会话四百句，也不用她将来进小学时因为能歌善舞或者智能超群而被老师高看一眼……呃，如果她喜欢做那些的话，当然最好，但她不需要专门为此花费大把本来应该用来玩的时间，不用满怀委屈去学她没兴趣的玩意儿。

在我36岁生日那天，她送给我一个大大的吻和一幅小小的画，小小的手指头蘸了颜料，在白纸上点出了小小的红狐狸一家。吹蜡烛许愿时，我的心里只有她。

现在我像当年妈妈爱我一样爱这个娃娃。

37岁

参加了大学毕业 15 周年聚会，当年很好看的男生们现在看起来好平庸，那个有些像林志颖的大眼睛男生如今有一副大眼袋，那个打篮球很强的瘦高男生现在目测体重大概有两百斤以上了吧。倒是年少时貌不惊人、只是长相清爽而已的那些家伙，十多年过去了变化也不大，你知道，眼睛小的人不容易长鱼尾纹和眼袋呀。

有几个女生变胖了……好多！我也胖了，可是没有爆炸式增长。大部分女生都是孩子他妈了，心中仍然羡慕赵雅芝，但嘴硬说薛家燕才是福相。至今仍然单身的人也有几个，有的是到现在还不婚，有的是已经离婚。

聚会之后总会发生点事情，这是古往今来的惯例。该凑一块儿的，比如两个单身的，却总是对对方无感，这也是惯例。搞点婚外小事件出来才是一次大型同学聚会的正常后续情节。作为旁观者或者八卦流通参与者的人，比如我，也会在目睹这类事件时想到自己：

要不要挠挠七年之痒？

我家楼上没有像玛丽莲·梦露那样的尤物，但是我想，对男人来说，只要不是太矬太惨，结婚这些年了难免会遇到点诱惑。七年之痒就算没人招惹也会自己出现，就算没有具体的对象也能在心里先开始酝酿。

表哥和他前妻是在结婚后第6年离婚的，他陪公司里的女同事去逛街时，不小心看到他太太和另一个男人从酒店里走出来。我的死党小V目前正在跟老公冷战，她男人开始养成了带着手机上厕所的习惯，并且常常在没关机的情况下拔电池板，接着就是家里半夜接到陌生女人的电话之类的。谈恋爱谈到第8年的表妹在筹备婚礼的阶段发现自己不想跟我的准表妹夫未来一起过日子了……没一个是虚构的，但情节都雷同。

现在我家另一半常常去健身，开始关注自己的腰围，还开始留心衣服的牌子和版型，这些都是谁教他的呢？他偶尔在我面前提起他觉得性格很好的女士，要我跟人家学习直爽简单的性格。具体来说，"人家在逛街买东西的时候问我的建议，我说什么，人家就爽快地接受了，不像你整天嫌这个不好嫌那个不好，逛半天都不

老公，向左偏伟啦！

知道要买什么，真作。"他难道不知道我是为了替他省钱？他偶尔提起公司里新招聘来的身材很好的小女孩，具体来说"人家本来就身材很好了还每天结伴去做瑜伽啊什么的，比你积极上进吧"，他难道没看出来我每天下班回来还要做家务并且陪女儿做作业？

小V对我说，你家另一半真正肯跟你提起的那些，都不是威胁，可怕的是藏在烟幕弹之后的从不提起、从不出现的人。小V又对我说，如果男人的重心还在家里，那么往外稍微拐出去一点你也就当不晓得吧。小V还说，也许你在你的某个男同事或者男性朋友对他们的太太说的话里，就成了正面案例呢。

就算小V不说这些，我也可以理解我家另一半——我买了很多时髦衣服，我换了更好的护肤品，我在减肥，甚至觉得春秋季也要剃腋毛。

大家都差不多。

🍑 38岁

实习生小女孩闯了个小小的祸。我让她把一份已经敲了公章的文件拿去扫描，然后把其中一部分内容截图给我，结果，人家直接把需要截图的那部分从文件上裁了下来——对，用美工刀裁的，再

拿去扫描。我只好花了一个下午来弥补这件事，赶在外出开会前在公司里一顿乱蹿，出门时完全没有淡定形象了。我很窝火但是我没有发作，每个实习生都有犯错的时候，只是，我想自己当年做实习生时要胆小谨慎得多。

茶水间里，两个小男生在讨论电视台的那个足球评论员的谈吐，他为什么非要把"Henry"念成"昂利"呢，算他懂法文发音规则啦，真IB哦（Install B--）。我心想，如果我来念，会不会直接念成"昂喝伊"啊，如果让这些小男生听到了，会不会在背后给我起个"IB女王"之类的绰号呀……呃，不是"IB大妈"就好。于是我默默地带着一杯在他们看来可能同样很IB的黑咖啡回自己办公室了。

新进公司的女孩不算漂亮，却很活络。她完全没有我们20出头时的羞涩和拧巴，直接走到大办公室里最帅的男同事面前："结婚了吗？有女朋友了吗？"那个30来岁的男人脸都红了："结婚了。"女孩子继续问："那我还有机会吗？还插得进吗？"和我差不多年纪的姐姐们知道这个八卦后，作为比她年纪大15岁以上的前辈，对她的雷厉风行感到相当惊悚。比我们再大几岁的同事应该还不知道这个段子，他们对年轻人的八卦已经没兴趣了吧。

给表弟介绍女朋友，给我家另一半的堂妹介绍男朋友，可惜他

们俩完全不是一个路数的，否则直接带他们一起吃饭就可能亲上加亲。我以前对做媒这桩事情完全没有兴趣，现在我热衷于此，并且已经顺利地撮合了两对小朋友了。表弟在第一次和相亲对象见面时，说着说着就 high 了，很不谨慎地把自家拥有多少套房产的事儿全都说了出来，我心想你这样露富万一引来女孩儿贪心怎么办。好在那女孩也放得开，大大方方把自己过去的恋情也交代了一番。他们后来又有约会。没有脑子的年轻人遇到另一个没脑子的，也蛮幸运的。

我堂姐的儿子大学还没毕业，已经在筹划毕业后第一年的行程。他不是要去找工作，也不是要去读研，他要像外国孩子那样度过自己的 Gap Year。他计划带着一笔钱旅行到一个远一点的地方，然后打工攒钱，继续前进。他的路线图横跨亚洲和部分非洲。张骞鉴真郑和徐霞客要是有在天之灵，应该都会很欣赏他，就连身骑白马闯三关的薛平贵也会惊叹于这种想象中的惊人执行力。

这个男孩子的口头禅中有一句是：趁年轻把该干的坏事都干了吧，再不干就没时间了。当我对他的间隔年旅行路线图发表评论时，他又把这句话重复了一遍，并且笑嘻嘻地看了我一眼。

唉，那些不知天高地厚的年轻人！其实我对他们有点羡慕，有点怕。

为了让我们感觉自己也还在年轻人的队伍里（虽然在队尾），我家另一半还给全家每人买了一件 T 恤，上面印着那个我们俩最喜

欢的、被评论为相当肤浅幼稚的海绵方块 Bob 君呢。

但堂哥用实际行动证明，他才是距离那些年轻人更近的人：在快要 50 岁的时候，他终于有固定女朋友了。

39岁

我家囡囡上学了。现在轮到我每天在作业本上签下自己的名字了，不知道她要过多久才能学会模仿我和她爸爸的笔迹呢。

囡囡的第一次小测验得了 80 分，是我当年第一次小测验成绩的 8 倍。

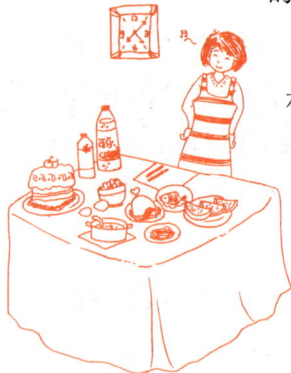

囡囡的老师说，这个孩子很开朗，就是话比较多。在我听来，前半句显然更重要。

囡囡有了第一个同学好朋友，是个圆脸圆眼睛的胖乎乎的小女孩，我和囡囡爸爸就管那个小孩叫"圆嘟嘟"。我很认真地准备了点心，接待第一次来我家作客的圆嘟嘟。

囡囡得到了出黑板报的任务，我像当年妈妈给我和我画的黑板报拍合影时那样，也给囡囡拍了与她的处女作的合影。

囡囡在作业本上造了一个句子：爸爸游泳快，像个小金鱼。小金鱼爸爸为这句看起来很囧的话高兴了好久。

我和小金鱼爸爸参加了囡囡学校的六一节活动，他和囡囡一起玩了两人三脚游戏，勇夺一年级组第二名。那个场景让我想到很多年前看过的《樱桃小丸子》真人版里的某一集，看那个电视剧时我大学都毕业了，当时很羡慕小丸子，心想将来也要让我的孩子玩一玩这个游戏。现在，那个幻想中的场面实现了，我拿着摄像机，看着镜头里的父女俩，感觉好奇妙。

同学聚会时，我把囡囡也带上，让她和比她高几个年级的哥哥姐姐们一起玩。小V指着正在一起跳绳的她儿子和我女儿，说，你看，现在他们玩得多好！想想我们俩一起玩"老狼老狼几点钟"和"写王字"的日子，竟然已经是30年前了。

天哪，30年能发生多少事啊，可我们还是朋友。

其实仅仅是10来年就足够让你身边的人完全变样。大学同学黄狗的公司已经做得很大，买的新车很贵，换的新老婆年纪很小身材很爆面孔很美。我不去想当年他要靠我帮忙才能通过考试，要靠草

狗接济才能请文学院的小妞吃一顿 KFC。我已经学会了不跟别人比较。

如果要比较，我们就要花半年的收入来让囡囡上贵族小学；如果要比较，我们就会把那辆开了好几年的车换成全进口的；如果要比较，我男人是不是要把我也换掉……

我越来越相信命运这回事。是我的就是我的，不是我的怎么争也没必要。即使这样，我仍然暗暗相信，小金鱼爸爸的命应该会蛮好，未来几年应该会福星高照多赚钞票。

小金鱼爸爸已经 40 岁，终于以既不胖也不过时的外型进入了男人一枝花的时代。我正大步流星地奔四，很快就要成为一个真正的中年人了，但我不恐慌。这感觉，和 19 岁奔向 20 岁时不一样，和 29 岁奔三时也不一样。我总觉得，35 岁之后到 45 岁之前都属于同一个时代，还没到我焦虑的时候呢。就当我自欺欺人好了。

40岁

记得 10 多年前，长久不见的同学朋友聚到一起，总爱问：结了吗？

记得 10 来年前，大家见面时的问候语变成了：有了吗？

看看现在，关系好的男人们仍然和年轻时一样口无遮拦，开口就是：离了吗？

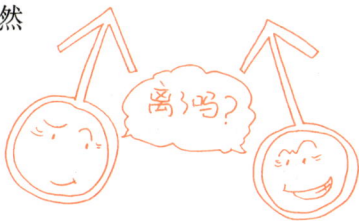

四十不惑了都，先管好自己行不行啊。

到了这个年纪，任何事情都要自己解决了，你没有资格也不好意思再去请教别人了。话又说回来，我觉得这是按古代人的标准来的吧，那时候，他们十几岁就结婚，20岁就有了儿女们，40岁可以当爷爷奶奶……他们的人生比我们的浓缩，到那个辈分确实可以没什么疑惑了。但我不一样，我还有好多想不明白的事。之所以和年轻时相比现在显得淡定些，只是因为我学会了不去想。

我不去想为什么娜娜要和她老公离婚，不去想为什么八戒和他老婆都长相不错但儿子却长得像没整过容的韩国演员，也不去想为什么我堂弟都34岁了和女朋友感情那么好却始终不考虑结婚。这都是别人家的事情，我们没空去疑惑了。

就连自己身边的人的事儿，我也尽量少想。比如我不去想我男人为什么那么喜欢在手表柜台和车展中流连忘返，明明知道自己买不起却还是愿意花大把时间去钻研，甚至在聊天时用那种仿佛明天就可以随便买一样（却只是不想买）的口气去谈论它们。我不去想为什么他愿意花几百块去买那些看起来就不值钱的搪胶玩偶，并且

把它们供在书架上，连外面的硬纸板包装都不拆掉，如果实在想拆出来玩的话，他就不得不再去买一个回来。对于这种莫名其妙到一定程度的事情，假装看不见，你就不会迷惑了。

算了吧，我对自己都有无数疑惑，其中一些就像上面提到的那些一样肤浅：为什么我一天都写不了几个字，却数十年如一日地喜欢买文具？为什么我在菜场买菜时为几块钱计较半天，但对那些买回来后就放在衣柜里10年都想不到去穿的衣服如此大方？

如果非要提到一些稍微深奥些的话题，那么，我为什么越来越像我妈了？不仅是身材面容声音，还有说话态度和做事方式。尤其是，我小时候对妈妈不满意的那些地方、发誓将来长大了一定不要学她的那些地方，怎么现在都变成了我自己的特征？再这样发展下去，我会不会变成一个和她一样的大嗓门老太太，每周都要去布料市场买便宜的布头来做成无数条看起来完全没差别的裙子而且不会去穿它们？

我们在35岁前退休的理想早就破灭，怎么办？答案是，能有一份让我们过得相对逍遥的工作就很不错了。我们还要为孩子的教育做好准备，她才2年级。为什么我那么晚才结婚生孩子啊，这又是一个问题。算了，我很忙，我不去想这些事情了。

41~60 岁

🦢 41岁

人都是很健忘的。看着那些装帧精美却极有可能让我在短短几分钟里丧失掉在儿子面前权威的习题集，我不知道怎样来表达此时此刻的心情。

原来不管在哪个年纪，都有无可奈何必须去做的事。11岁的时候必须面对小学升初中的考试，21岁的时候必须为能不能找到工作操心，31岁的时候必须努力工作一点都不能落下，这样才能够付得起房贷和日常生活开销。现在41岁了，下了班，去超市买回儿子指定要喝的果汁和老婆发来短信里提到的卷纸，作为最后一个端起饭碗的人扫清桌上的剩菜，然后就到了躲也躲不掉的看儿子写作业时间。

我当然不能当着儿子的面说我其实一点都不想看着他写作业。如果这么一说，他一定会高呼理解万岁，但这并不是理解的结果，他理解的和我想的根本就是两码事。所以我一点都不能说。儿子总是会有很多问题来问我，关于作业的，和作业无关的。我不忍心批评他在写作业的时候常常走神，那样会扼杀他的想象力。有时候我摸摸他的小脑袋就好像在抚慰那装在脑袋里的想象力，如果它们在其他地方或者其他人面前遭受了挫折，我希望它们能够在我不太宽大的手掌里恢复信心。

不过我真的有些……不耐烦了。不是对于儿子，而是对有一些莫名其妙的题目。我越来越觉得那就是一些莫名其妙的题目，曾几何时它们也是我博取老师和家长欢心的工具。在这一点上，儿子他妈比我要温和并且现实许多。她会瞪着我说："你以为你就不莫名其妙了？你想让老师和同学觉得我们的儿子莫名其妙吗？"

所以我也不能在儿子面前说那些题目是莫名其妙的。这样想想，就觉得做大人还真是装啊，其实心里是这么想的，但要把截然不同的一面表现出来。对于那些我觉得莫名其妙的题目，我只能对儿子说，好好听老师讲解，做错的地方一定要弄明白为什么错了，如果实在找不到理由就把正确的答案记住。在我以前念书的时候，后半句话爸妈是不会和我说的。我不知道他们心里有没有这么想过。因为，并不是每一道做错的题目都有所谓道理。

另外，我自己也不太理解为什么每个孩子都要学习奥数，它的

全称是"奥林匹克数学竞赛"。儿子和他的同学们除了学习学校的功课之外，每周还要接受一个奥数专题的训练。"鸡兔同笼"这种问题对他们来说都已经是小儿科了，"牛吃草"才是最新需要攻克的高地。有一片青草地可供27头牛吃6天，或供23头牛吃9天，那么可供21头牛吃几天？题目的难点在于这样一个前提条件：这一片草场的青草每天都匀速生长。我承认我第一遍听这道题目的时候把它当成了一个冷笑话。

无论像不像冷笑话，儿子还是每周末要去上一天奥数课，因为所有的学生都要上。和"牛吃草"的问题相比，我情愿他问我：中华民国是什么时候建立的？"我思故我在"是什么意思？

42岁

我变得越来越挑剔了。这是我老婆今天早上对我下的评语。我现在都有点记不清她是因为什么事对我下了这句评语，也许是因为我说她摊的荷包蛋贴着锅子的那一面太焦了。也许吧，除了越来越挑剔之外，我的记性也越来越差了。这让我觉得，老婆的脾气倒是越来越好了。要在五六年前，我在

早餐的时候这么批评她摊的荷包蛋，她一定立刻拉下脸，用冷得不能再冷的声音说："伺候你吃，伺候你穿，我还要上班，你凭什么不满意了？"然后并不等我回答"我到底凭什么不满意了"，提上包就走了。临了还要重重地摔一下门。

我变得越来越挑剔，大概其中有一个原因就是我升职了。人总是会有各种各样的臭毛病，这也算是其中之一。长了权势，怎么表现出来呢，就是让自己变得挑剔，让别人更不敢怠慢。这是我的心得体会，如果要把各种头头脑脑的人分门别类，那我就站在"挑剔派"的圈子里好了。如果再有什么心理学家来对每一个圈子进行分析和评判，那就最好不过了，我倒是挺想学习一点儿这方面的知识的。要是需要做什么心理测试，我也很愿意配合。哈。

张大力给我打电话，说毕业20年聚会的事。他不说我还真没想到，我们都毕业20年了。我在电话里夸张地笑了几声说："20年了啊，我还活着。"张大力一点都不觉得奇怪地回答我说："你这个说话莫名其妙的习惯保留到现在啊。像你这样想不活着也难。"我们在大学里住一个寝室，他睡我的下铺，我们一起躲在蚊帐里抽烟，我从床和墙壁间的缝隙往下给他扔打火机，因为要是太明目张胆的话会被吴二骂。吴二是我们寝室一名旗帜鲜明的禁烟运动支持者。我们其实也没什么瘾，就是偶尔趁吴二不注意，或者干脆等他睡着了，抽一根烟解解闷，否则很快被他闻到烟味了还是要说。

在这 20 年中我并没有非常想念我的大学同学们，也没有太想念我的老师们。在前面的 10 年中我倒还和少数几位老师保持着联系，包括我们的辅导员，以及一位上过心理学公共课的老师。可是后来就失去了联系，具体原因我也讲不清楚。相反，我怀念那个校园更多一些。张大力就说过我是一个具有校园情结的人。我不能否认，可是也觉得这有点可笑，难道我天天搭个帐篷睡在校园里就可以从心理上满足这种情结了吗？

无论如何，我答应参加聚会，并且表现出少有的对聚会的热情。我对张大力说，我来联系场地，你告诉我什么要求、有多少人参加就行。对我的这句话张大力反而有点吃惊，他重复了一遍："你来联系场地？"他的心里可能在想，我可从来没对聚会表现出过这样的热情。

我也不知道我怎么了。我没有期待这是一场多么精彩的聚会，也没有期待会和当年我欣赏的女生有一个浪漫的相见，我们只是碰在一起，聊一些年少时的糗事，对现在的生活发发牢骚。我只能说，大家都老了，女生一副为家庭为事业操劳的模样，男生一个个都学会了把自己肚子搞大的本事。

43岁

又来了，又来了，我在心里暗暗叹着气，这是我们无数次争吵之后新的又一次。我让儿子呆在他自己的屋里，关上门。不过这又有什么用呢？我到现在也能清楚地记得，在我小时候，我的爸爸妈妈是如何为了我的事情吵得不可开交的。原来，人和人的想法是可以那么的不一样，在我结婚之前我可从来没有这么深刻地意识到过。我以为，物以类聚，人以群分，这是一句真理，那既然合得来的人都已经群分在一块儿了，怎么还会有立场、逻辑、目的等等这些不管从什么角度看都截然不同的想法呢？我简直要怀疑，我和她是怎么就结婚这个问题达成共识的？

当然，我不能这么和她说话。

我现在都找不到合适的与之交流的方式。急得我连"之"这种字都说出来了。

我们的儿子现在11岁，面临小学升初中的重要时刻。当然，我自己经过了以后，回过头去，可以说："哦，那没什么大不了的。"

但是对我儿子，就不能这么说了。这个问题很大，很重要，对我儿子、对我、对我老婆，对这个家庭来说都很重要。过完这一个重要时刻，儿子以后会经历更多的重要时刻，不过现在这一个真的很重要，我的的确确是这么认为的。

我说，一定要让他去试一试那个提前招生的实验学校。老婆说，你怎么这么拧啊，就算你对自己再有信心也不能拿儿子的前途开玩笑啊。我忍不住又嗓门高了起来，怎么变成我对自己有信心了？我们说的不是儿子的事吗？再说了，什么叫我拿儿子的前途开玩笑？开玩笑！这个责任我担待得起嘛。

老婆不依不饶地说，你不就是因为辅导了儿子的奥林匹克数学竞赛题，想通过儿子显一显自己的水平嘛，你也不好好想想，能考取当然好，我也希望他能上一个高考升学率在95%以上的学校啊，可是万一没考取呢，那个学校复习的路子和其他学校不一样，再回头来参加统一的考试怕就来不及复习了，这不是折腾他嘛。

我承认我从小就不是一个胆大的人，也很少表现出很有冲劲的样子，不做冒险的事，不挑战一些高难度的事物，可是这些都不妨碍我让儿子去考那所实验学校啊。什么叫万一没考取怕来不及复习统考，你都这么想，儿子会怎么想，你都对他没信心，让他怎么对自己有信心啊？

好了，这种争吵通常也吵不出个结果。只会把房间里的儿子弄得心神不宁。我想他大概还没成长到能思考自己前途的程度，不过，他也有他独立的想法。我们还是听听他的意见吧。

不过话说回来，虽然我在老婆面前坚持自己的观点寸步不让，其实心底里还真觉得孩子的问题是目前遇到过所有问题中最棘手也是最让我没有把握的。

❤ 44岁

到底多老算是老？当我迈过 40 岁向着 45 岁走去，或者在不久的将来，迈过 45 岁向着 50 岁走去，这种向着年轻说再见的感觉都要比二十八九岁的时候更为强烈。想想我们这些人 10 几年前坐在办公室里嚷嚷着"老啦，挤不动公交车了"的那种情绪还真是有点小儿科。不过那时我们不是同样真诚地以为自己正在无比现实地朝着"老"的方向走去吗？不是只有 50 岁、60 岁的人会对自己即将加入老龄群体的队伍而略感忧伤，"岁月不饶人"的感怀似乎从 25

岁之后就开始了。像一个生命力极其旺盛的命题，隔一段时间就让人找出几件属于新发现的事实来印证它。

我从来没有自主自愿地锻炼过身体，虽然我承认"生命在于运动"的的确确是一句真理。如果把我花在羡慕那些依靠锻炼来获得了强壮体魄的人上面的时间用来运动一下自己的各个零部件，也许我会比现在看上去脸色更红润一点，脚步更轻捷一点。

也许吧，可是我的懒惰总是抹杀了这幅用"也许"描绘出的美妙图景。我还曾经给自己设立过这样的人生目标：如果这两个月里每周都能坚持去上瑜伽课，就说明我挑战自己的毅力成功。当然，我还是失败了。

年度体检表
①骨质疏松 ☑
②胃肠功能紊乱 ☑
③心动过缓 ☑

我的年度体检报告上的第一页写着："骨质疏松。肠胃功能紊乱。心动过缓。"在我20几岁的时候，我时常试着变换角度去揣测我所知的雷打不动定时定点锻炼身体的人的真正目的。

因为不太熟的缘故，我不好意思直截了当对他们发问：你们这样锻炼身体是为了什么呢？我总是以为强身健体这样的说法不足以成为人们坚持（几乎可以说是偏执）锻炼身体的理由。之所以说几乎到了偏执的地步，是因为有一位朋友的朋友在每周固定健身的那3天，即使不约会不吃饭不看球赛也必定要赶到健身馆去按计划行事。好在他的工作从来都不需要在晚上加班，否则我可不知道是他妥协还是他说服老板做出让步。不过，现在我会想，强身健体这个理由难道还不够吗？

我佩服能长期坚持做某件事的人的毅力。我想，没有毅力的人大概是体内缺乏某种元素。把这个责任推到生物学上之后，我在心理上会好过许多。没有毅力、懒惰、对生活的自由度怀有一种不切实际的幻想，我想这大概是我身上最大的毛病。不过无论如何我还是要考虑开始锻炼身体了。不是为了减肥，不是为了拥有匀称、挺拔的身材，不是为了在健身馆里碰上帅气的教练，而是为了让自己的心跳正常一点。

45岁

人生就这样过掉了一半。比起20岁之前的日子，40岁后45岁前的日子让我更觉得模糊。我不是故意不去记住它们……可是，你能告诉我有什么可记住的吗？我想，很多人都和我差不多吧，年

轻的时候以为有很多时间可以拿来挥霍，等到不再年轻的时候就开始怀念那些时候，而中年——永远是不得不去过而让人有点疲倦，甚至有点厌烦的一段时间。从这种意义上来说，我盼望着退休的那一天快点到来，就算它可能意味着我这辈子职业生涯就到此为止了，但它也是生活状态转变的开始，说不定会比现在更有意思呢。谁知道呢。

从表面上看，我依然是一个兢兢业业的好工程师。许多新进公司的小朋友都恭恭敬敬地叫我老师。他们心里很清楚，这一行依赖的就是越老越吃香的规则，所以他们现在必须拿出 200% 的诚意来让我这样的老师教会他们一些学校里根本学不来的东西。当然，我也有我的老师，他们差不多或者已经退休了，每年春节放假我都会去看他们，跟他们胡扯一个晚上，大家都很高兴。

做到一个表面上看上去一直在勤勤恳恳工作并生活着的人这一点并不难。活到这个岁数，谁还没一点掩饰和伪装的本事呢。而且，谁都知道，伪装，有时候装着装着也就变成真的了。谁知道呢。

我好像对任何事情都提不起太大的兴趣。包括以前喜欢的红酒、游泳、打壁球，有时候去唱个歌，这些，都没什么太大的兴趣，也就是我还在做着这些事或者其中的一部分，但就像上班一样例行程

序，我不知道为什么要去做，以及我能从中获得怎样的满足。我好像已经失去了对满足感有所感知的能力。曾经，儿子给我看他考了100分的试卷，我还会由衷地觉得我儿子真了不起。我的老婆要是精心准备了一顿她亲手制作的牛排，而且还配上了我喜爱的红酒，那我也会抱着她亲一口。可是现在的情况对我来说，就像一个人失去了视力，或者失去了听力，外界已经对 ta 产生不了什么影响。

我知道我这么说很落入俗套。不过我真的很喜欢她，和她在一起就像当年谈恋爱的感觉一样，我想抱她，想知道她的想法，了解她生气的规律，担心她离开我。这些我都和她说了，而且我还和她说，我应该让她离开我，我要放她走的。她看看我，又抱住我说，我不会离开你。我说，这不可以。

唉。这就是中年危机吗？这个名词早已经不再让人陌生了。可是我时常对自己，对这个世界又冒出陌生的想法。谁知道呢。

46岁

我又去买了两注双色球。我这种行为通常都会遭到别人的耻笑。

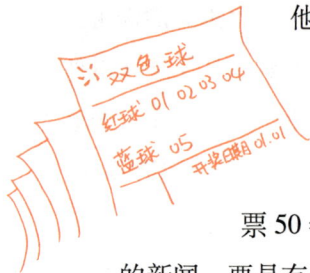

他们要说，你都买了20年了，每次还是只买两注，这样有意思吗？其实我觉得，挺有意思的。我也不是彩票迷，也不盼望着哪一天报纸上出现"某人买彩票50年终于感动苍天——中了2000万"这样的新闻。要是有这样的新闻，那肯定是彩票点的老板爆料。

当然，我不能说自己买彩票完全是为了慈善事业，这种话谁信？而且我也的确是买了有20年了。要知道，在比20年前更早的时间里，我是对彩票一点点想法都没有的。一点点想法也没有包括，觉得买彩票这件事很没意思，也不觉得中奖这件事会发生在自己身上。甚至可以说，我对买彩票的态度是这样的："嘁，买彩票，多可笑。"后来这种想法到底是怎么转变的我已经说不清楚了。我觉得可能和年龄的增长有关系。但这想法也不是一点一点逐渐转变的，而是有一天早上我睁开眼睛，突然就想，去买彩票吧。

于是我就开始买双色球。一开始的时候我连双色球的规则都搞不清楚。我想那些彩票点的大妈大叔一定在心里偷偷笑我：这个人连几个号码都不知道，还想中奖？不过对于这一点我自有我的说法：有时候运气就是会落到什么都不知道的无知的人头上的。

好了，终于说到运气这回事了。说了这么多彩票，我要说的就是运气。虽然我也想着有朝一日中奖，但也知道这种事情太偶然了。

现在对我来说更为重要的是，它好像代表了一种运气分配——也就是说，像某一些可笑的自我安慰的说法那样，我想，要是我一直都不中奖，那么在生活的其他方面，我的运气应该不错吧？

其实对这一点我也不是十分肯定。我想把我从小到大的运气之路梳理一遍。小学，我知道因为爸妈的努力和他们的朋友们的帮忙，我上了一所重点小学；中学，我知道因为老师们和爸妈的努力，以及我自己也比较"争气"，我上了一所重点中学；整个事情的局面在这之后急转直下，我不是说运气，我是说，我好像从那时开始，就彻底放弃了"读书要读得好"的生涯，所以在高考之前，为了"不想复习又不得不做题"痛苦万分，不过最后还是因为爸妈的努力和他们的朋友们的帮忙，我没有落到第一批大学外面去；大学毕业之后，因为朋友的帮忙我找到了工作。后来……我简直要有点诧异了，我之所以到现在还能有一份比较稳定的工作全倚仗朋友们的帮忙。

不知道是不是也有人像我这样把自己的运气之路梳理一遍。也许有人看了之后会觉得这算什么，简直太小儿科了，考上大学，找到工作，就算是运气不错了？那我要说的，就是这样。我真的从心底里这样想，我的运气不错了。所以，在买彩票

这件事上，我还要强求什么呢？

上个月我升了职，坐在了一间这个公司里只有3%的人拥有的办公室里。我觉得我的运气不错。

47岁

在结婚之前，我们就喜欢说一些围绕着小孩子的话题。比如说，爸妈长得都不高，他们生出来的小孩子身高就比较堪忧；如果爸妈都挺高的，那是不是也需要有一些注意事项才能保证小孩子的身高；如果爸妈之中有一方是高的，那是不是要研究一下双方各自的家族背景，以确定遗传因素最终会偏向哪一方？

还有，小孩子长得美不美也是大人们经常喜欢讨论的一个话题。我们讨论出的肤浅的结果就是：爸妈都不美，小孩子不一定不美；爸妈都美，小孩子也不一定很美。因为我们谁都不懂遗传学、生物学，所以也没有办法从科学的角度来解释这个事情，只能凭直观了。

言归正传，儿子的个头快要比我高了。这件事让我很欣慰。这可不是凭直观，在我们家有一个门框上密密麻麻画着标明儿子身高的刻度。一开始是用铅笔画的，后来有一次，不知道怎么说起要拿这个门框留做纪念，我就用黑色的水笔把刻度都描了一遍。不过两三岁那时候的铅笔线就没有一根一根描了，倒也没有像我们想象的那样消失怠尽。最早那一根是儿子两岁时候画上的。他背靠着门框站好，但又不肯就这么乖乖站着，总要动来动去往左转一下身子再往右转一下。我们和儿子说，只要他站着不动那么一会儿，然后就可以吃炖蛋。炖蛋是我们做鸡蛋的一种方法，就是把鸡蛋在碗里打散之后，加上水，搅拌均匀，放到锅里隔水蒸 10 分钟。儿子喜欢吃这种蛋，所以我们和他这么一说，他就很听话地站好了。我用一本本子挨着他的头顶，水平地抵在门框上，用铅笔画了一道线，然后拿来卷尺量了量从地面到这根线的距离，写在了铅笔线的边上。

小孩子总是长得很快的。这一点即使天天陪伴在身边的爸妈不能很迅速直观地感觉到，也能从孩子一双脚长大的频率来感受。现在，我的儿子已经过了疯长的阶段了，不过每年量一次身高还是雷打不动的。有时候坐车听到一些年轻的妈妈们谈论自己小孩，说上个月买了一双鞋还正正好好能穿，这个月就穿不下了，言语之中并没有惋惜买鞋花了这些钱，而是对孩子长大的欣喜。每个父母都是这样吧我想。

以前我们还讨论过是不是要督促儿子多参加体育运动，这样可

以长得高一些，比如说打打篮球。一个受到普遍认同的观点是，小孩从小以打篮球作为主要的体育运动项目长大以后就可以变得很高，即使他的父母并不高或者有点矮。不过不知道儿子是不是得了我们的遗传。我们两个其实都不怎么爱运动，他也不怎么爱运动。现在，儿子的个头快超过我了，我还担心什么呢。

48岁

我们从小到大都在做各种各样的计划。即使我们自己本身有时候很讨厌做计划，或者说，比较回避做计划这件事，因为我们会不由自主地害怕计划性。这是一种很复杂的情绪，我们知道做计划的好处，它可以让我们很清楚地知道自己什么时间该做什么。我们把计划分成很多种，有当天的计划，当周、当月的计划，还有短期计划诸如1—3

年内，以及长期计划诸如 5-10 年。长期计划也许更像是一个奔头，要是不拿那个一直催促自己，怕是连短期计划都完成不了。对此有人会说，没有发生的事我怎么知道呢。我们是在害怕一种不确定性吧。

我是一个不太喜欢做计划的人。曾经一度，我是因为害怕"未来"所以不愿意做计划。后来，我不那么害怕"未来"了，我也可以和别人讨论 5 年后、10 年后我们在做什么，我们的生活是怎么样的，那时候会和现在有些什么不同，我们感兴趣的东西会不会发生变化，我们相信的东西会不会变得不那么可信了，世界是会变得越来越好还是越来越糟糕。

可是不那么害怕谈论"未来"的我，仍然不愿意做计划。我总是喜欢让那些该做的事情一直在那里，在那个我能看得见它的地方，直到死限到来之前才去把它处理掉。所以说，有这样一种习惯的我，做计划也是没用的。就像每天临睡前，我告诉自己应该早点起床让自己变得更有效率，我定了 7 点的闹钟，结果没有一天我是 7 点在闹钟响了之后起床的，总是要到那个起床的"死限"到来的时候才忙不迭地爬起来。

我知道有人习惯做计划。至于他们是否本身喜欢计划这件事，我不知道，我只知道他们能够制订出合理的计划，并且按照计划去完成它。我很佩服这样的人。不过不管是做计划还是不做计划，像"戴

上老花眼镜"、"平均 5 个月染一次头发"、"一天如果上下楼梯加起来走了超过 20 层，膝盖就会疼"等等这样的细节性事件，一般都不会被写到计划里去，哪怕是长期计划。

我知道这一天总会到来的。我从小学 5 年级开始戴眼镜。其实如果不是爸爸那么反对让我戴上眼镜，这个时间点还会往前提一两年。我到现在还是不太明白他为什么那么不喜欢看我戴眼镜，他总是用"为了保护你的眼睛"这样的理由来搪塞，但我觉得不是的。

现在，我发现我近视的度数居然越来越浅，几乎可以不戴近视眼镜了。我想起来似乎是有这么种说法，年轻的时候是近视眼，到了年纪大的时候视力反而变好了。不过，有时候看报纸的时候，我得戴上老花眼镜。

🐍 49 岁

青春期离我有多遥远了，我自己都快忘记了。自从青春期过去之后，我们好像再没有认真探讨过自己在青春期的过程中到底做了些什么真的属于青春期才会做的事，我们的想法，以及过去之后回头看它它究竟是什么样子。我现在只能通过网络、书籍、电影来了解青春期的孩子都在想什么，在做什么。有时候也会觉得有点好笑，我们自己都曾经活生生地经历过青春期，可是现在面对正处于青春期之中的儿子，我竟会有束手无措，或者说是陌生的感觉。

青春期

我仔细回忆了我的十几岁。上课，回答老师提出的问题；有时候在数学课上做语文作业，或者在计算机课上做地理作业，这样做完全只是为了放学之后没有回家作业；站到讲台上演讲的时候涨红了脸，因为底下坐着的几十个人让我感到紧张，我也没有办法把他们都当做"土豆"——有那么一种让自己站在众人面前不紧张的办法据说是把听众都当做"土豆"，比起来，我更情愿他们把我当成一只"土豆"；放学之后无所事事地度过两三个小时，可以睡觉，可以在寝室里随便说些话就到了晚饭时间，或者捧着一罐零食不间断地吃，结果晚饭也吃不下了；晚上寝室熄灯之后，戴着耳机听walkman，被前来查寝的老师发现了walkman机器上亮着的红灯而扣了寝室纪律的分数。我觉得那些负责管理学生寝室的老师都特别适合当间谍，这么说并没有诋毁他们的意思，我到现在还是很佩服他们这种本事，有时候我把walkman藏在被窝里，他们也能撩开蚊帐，然后用手电筒照射的亮光发现我塞在耳朵里的耳机。

我觉得我和我的同学们在青春期都没有做太多叛逆的事情。男生做的那些调皮捣蛋的事情也不能算青春期独有的。即使在青春期之前或者之后，他们还是照样做着调皮捣蛋的事情。那时候我是否存在和爸妈沟通的障碍，我现在也想不起来了。我能想起来的只是，因为我的理科越来越差，尤其在开始学化学和物理之后就更差了。成绩不好，要挨骂，要伤心，要哭，好像有那么一段时间的确是一团糟的，我甚至还对爸妈说过这样的话："你们是不是对我彻底失望了？"

我想那时候我爸妈对我不会有我现在对我儿子这种迷茫的感觉吧。即便有时候我不和他们说我的想法，但是基本上我们还是处于一种友好沟通的状态。我的儿子，只是在他初中毕业之后，我就忽然发现我在他面前不会说话了。他时常用"干吗"这两个字来应付我。我想讨好他，和他拉近距离，于是问他："在班里有没有喜欢的女生？"他要过 10 秒钟左右，然后并不看着我，说一句："干吗？"我不想干吗，只想和他说说话，可是他摆出一副令人难以接近的架势，就好像我有什么地方得罪他一样。我现在有一种不负责任的想法，那就是让儿子的青春期快些自行过去，别让我这么费劲地和他说话就好。

🐛 50岁

终于到了 50 岁了。我竟然有一些如释重负的感觉。要说前面几十年活得不累，那怎么可能呢？我又开始胡思乱想了，我想 50 岁以后的几十年，就像是牛顿惯性定律里那个小球，因为没有外力的影响，所以它可以无限运动下去。我的意思是说，我不想再做什么为推动小球去运动而努力的事了。50 岁好像是一个稳定的可以被称为"中年"的年龄，40 几岁的时候我们都还在挣扎着让自己看上去更年轻一点，到了 50 岁，我开始更认命，已经是知天命的年纪了。

我曾经想象过自己到了 50 岁时候的样子。会不会有一点伤感，会不会有一点喜悦，不过从事实看来，我好像很平静，有点过于平静了。作为一个"年过半百"的人，我想让平静成为自己的一种品质。这也算是我对自己的一点要求和期许。还年轻的时候，我想让自己拥有从容和大气这两种品质。有时候并不能心想事成，尽管我们常把这句话作为祝福语。我也没有成为自己想象中既从容又大气

的人，我经常做错事，让自己和别人失望，不能以平静的姿态面对
很多事情，不过，现在我 50 岁了。

很久，我没有再因为想到每天在我身边的这个男人而感到激动。
在我 50 岁的时候，我仔细想了想他，我们是如何互相倾心，如何
开始交往，如何对彼此许下婚姻的承诺，又如何为了儿子的许多事
争得不可开交。让我感到庆幸的是，那些争吵没有留下太深刻的印
记，也没有破坏回忆的整体美感，它们只是让我更真实地感觉到，
我和这个男人一起生活了 20 多年了。

~结婚纪念日~

10 月 20 日是我们的结婚纪念日。
我真的有点激动起来。其实我们都
算是比较恋旧的人，很多东西虽然平
时看不见，但都在屋子的各个角落里放
着。他知道我喜欢收集瓶瓶罐罐，那时
候就经常买一些回来，出差在外也会买
些好玩的罐子带回来。他睡觉打呼的声
音被我录下来存在一个 U 盘里，这个
U 盘也还在。

我把计划一次纪念日旅行的想法告诉了他。他的许多优点之一
就是对我的任何想法都不会很明确或者很坚决地反对。如果他不赞
成，他会慢慢说服我，而不是在我说出来的那一刻就说"不，不可

以这样"。当然，我不是说他没有缺点，也不是说他纵容我，但我现在能清楚地记得他说的一句话，意思就是人这一辈子过过就没了，所以平时不要为了彼此之间的一些误会而花费时间来闹别扭，不值得。从这之后，每次我不高兴了又想闹别扭，就会想起这句话。我想，我的脾气变得越来越平和和这也是有关系的。

我们定好了时间，他用上了他的年假，儿子住在学校里所以我们不用再为他回家吃饭的问题操心。我真的很高兴，我想以后的几十年我都会记住这一次纪念日旅行的。

🐌 51岁

大半辈子都是在从事管理工作，也算是站在一个企业顶端的人了，未料太过轻敌，这把年纪却阴沟里翻了船，在内部斗争中落马。

镜子中自己头发花白，也许真是像他们说的，我老了。如果就那样不问一切黯然退场，那么坐在一个走廊尽头的办公室里看看报纸也能够混到退休，这无疑也是大部分在斗争中落马的人选择最多的一条路。朋友们也劝我，

人老了，该放下的事情就放下吧。在家含饴弄孙等等退休不是很好嘛，日子又轻松。

但——谁说我老了，谁说可以从此坐等退休的？尽管我的年龄已经过了所有招工启示上标明的上限了，但我仍然觉得自己还有很多事情可为之。不过是在半百的时候站在一条新的起跑线上，至少比起20岁来说，我有了经验。

就那样不管不顾一切，像年轻了20岁一样执意要去开辟自己的新疆土，意气风发得像20岁时候一样。很激动兴奋，感觉有很多未知的东西等在前面，这种情绪总有十几年没出现过了。

除了拿出自己毕生所有，还借了一大笔钱来投入生意。就算是最亲近的人也不能改变我的想法。起步没多久就发现了很多不同，明显感觉到自己反应比从前慢了，而这行里面都是脑子活络的年轻人；四处去跑或者需要自己亲手搬一些东西的时候，体力也跟不上了。

有时候想想还真是悲哀，一把年纪开始创业怎么就那么艰难。货物需要不断吃进，资金周转几度出现困难，问题接踵而来，晚上睡觉都会被这样那样的问题困扰到整夜整夜失眠。

真的，这不是一件容易的事情。但对我来说，这是一件必须要去做的事情，要证明自己这样半百的年纪还能够做成一些事情。

不想描述其中的过程有多么的艰难，但最后就是这样熬过来了。直到生意开始步入正常轨道，开始慢慢有了盈利，找了一些人过来帮我打理。这之后的几十年几乎都将为这项事业奋斗。

并不是为了钱。事实上孩子们的生活都不需要让我负担。就算是从50岁开始停下，这辈子的积蓄也能让两口子衣食无忧。但是人生总是有一些除了吃好穿暖以外的需求吧。就像邻居老李，孩子那么有出息，他照样每天大清早起来去贩运蔬菜。那不是不懂得享福，是要证明给自己看"我还不老，还有很多事情能够去做"，去证明自己存在的意义。

❧ 52岁

睡得正沉的时候电话铃突然响起，还好睡眠浅，响了一下就醒了，看到窗外未亮的天，刹那睡意全无。大清早的电话总没什么好事，在拎起电话的时候，我宁愿对方是打错了，那样我绝对不会有半句怨言。

噩耗。老季死了，脑溢血。据说毫无预兆。多年的好友了，就在上个月我们还一起吃饭喝酒，他高兴地说孩子明年结婚，到时候一定要请我去喝酒。我记得当时还拍着他的肩膀说：老哥你真有福

气，很快就能抱孙子了，我家那个小子还整天不思成家。他乐呵呵地说：是啊是啊，到时候羡慕死你。

真是世事无常。

这个事情对我的打击非常大。当那些和自己一起长大一起年轻过的人开始离开我的时候，比长辈去世更恐慌，前所未有地恐慌。"好好的一个人就那样去了。你说，好好的一个人怎么就……那样去了。"追悼会上，我握着老同学的手不住感慨，眼窝酸酸的。

后来一次平常的聚会，没有人说买了一辆新车，也没有人谈起欧洲八日游是多么好玩。气氛比以前要沉默很多，这大概是第一次我们大家同时感受到了死亡的恐惧，切身地。

不知道是谁挑起了头，我们开始谈起了养生心得。要少吃什么多吃什么，平常怎么样锻炼对身体最好，甚至有人建议下次聚会不要吃吃喝喝，改成包个球馆去打球；大腹便便的几个交流起了高血压高血脂的坏处，听得所有人都有点惧怕；那些抽了几十年烟从来没打算要戒的，也开始让我们监督他戒烟了。

那阵子我常常想起老季年轻的时候，一晃就是几十年过去了，也到了知天命的年纪了。这让我忽然意识到人生根本没有我们想象的那么长，哪天说去就去了，谁能说得准。
一直想去但是舍不得去的地方，狠狠心就报
了旅行团；老伴很意外在她唠唠叨叨的时候
我没有像往常一样反驳而是温情脉脉看着
她，这让她觉得很不习惯。觉得小时候和儿
子没太亲近，现在总希望他能有多点时间来
陪我，哪怕就是下一盘棋，说几句话。

开始热衷于锻炼，尽管关节已经很
僵硬；爱吃了几十年的肥肉也在某种心理下
下不了筷了；生意场上难免杯酒交错，从前一饮而尽的豪情现在想
起来觉得自己有点可笑，宁愿服个老，拿着个茶杯一遍遍说着以茶
代酒。那群年轻人自是不会计较，只是看着他们一杯杯喝下去的时
候真想好心劝劝他们：那些现在你对身体施加的一切，总有天会全
部还给你的，那时候后悔就来不及了。

🦀 53岁

大半辈子该见识的都见识过了，大风大浪也经历过了，习惯对
着我的孩子说：我吃过的盐比你吃过的饭还多，走过的桥比你走过

的路还多。打开电视看看新闻,看了几十年的国家大事和家长里短,没有什么事情能够再吸引我的注意力了。太阳底下没有新鲜事。现在能够让我牵挂的大概也只有每天我和老伴守在电视机前等着的那些连续剧,爱恨情仇步步惊心的比我现在白开水一般的生活的确是要精彩许多。

其实生活也没那么苍白,世界总是在不断变化,我年轻的时候也曾经紧紧跟随过潮流。在开始风行溜冰的时候我是最早牵着女孩子下冰场的那一拨人;刚刚出现录像机那会儿,就用了大半年的工资买了一台日本进口的松下的机器,翻来覆去就那么几盘录像带,但每回有朋友来家里都得和他们一起看一遍;还有插卡的单机游戏流行那会儿,二话不说就买了一个回家,儿子当时都快高兴疯了,抱着我喊"老爸万岁",爷俩就没日没夜趴在18吋彩电前面打小蜜蜂。

但现在是不是老了呢?步伐走得不那么快了,反应也变得迟钝了,所以对于外界的东西就再没有那种迫切想去了解的心情了。现在那些跟着时代潮流来的东西也实在是变化得太快了,光逛超市就能让我眼花缭乱了,更别说那些层出不穷的新玩意儿。

儿子遗传了我的兴趣,也喜欢买那些新鲜

的点子设备。从前我拿回家的东西那小子捣鼓两下也会了，但现在他拿回来的东西我真是一个都不会玩了。看说明书？不是英文就是日文，再给我 20 年我也看不懂。

但总不能就这样眼睁睁和时代脱节，尤其是想到未来退休之后时光漫漫无从打发，那个时候再要恶补真是既没那个心情也没那个智商了，不如现在一步步先学起来。

于是我开始摆弄儿子的数码单反相机，渐渐也拍出了一些让自己欢喜的照片。自从学会了上网以后，更是找到了几个志趣相投的同龄摄友。但上网的时间并不能太长，因为老婆开始长年累月霸占着电脑，她甚至申请了一个 QQ 专门用来加她的那些牌友。

儿子把很多新奇的东西搬回来，我和老婆则是带着惊奇的眼光看着，然后试着去学会使用，并且找到其中的乐趣。最近正在不亦乐乎地打 wii。

后来我和老婆总结了一下，事情就是这样的——老就老了，那没什么，关键就是要有一颗不老的心。

🫖 54岁

你说这都什么事儿啊。

有事情要早走就没来得及搭班车下班，去车站上了趟公共汽车，车上还挺满的，就随便挑了个地儿站着。没想到一个十几岁的孩子立刻站起来说您坐。

我当时还条件反射瞅了一下身边有没有上了年纪的老人，在意识到那孩子的眼神是真诚地看着我的时候，就彻底郁闷了。

我才54岁啊！离读卡机叫"老人卡"还有16个年头，怎么就已经到了"老弱病残"行列了呢？但周围坐着的人似乎也并未对我的年纪有任何疑义，难道在他们眼里，我就真的是一个不折不扣的老人家了？杵在原地还真是心理斗争了一会儿，坐也不是不坐也不是。最终在旁边乘客希冀的眼光下，还是坐了下来，闷闷地对着那个孩子说了声谢谢。

那孩子还特有礼貌，脆生生答了一声"不客气"。听着那样朝气的声音，心中是真的有一丝小小的迷惑。

　　回家的路上一直就想着这个事儿，街边碰到了那些正要出门买菜的老邻居，拉着他们就开始叨叨。邻居们并没有如我所想来安慰我"嗨，是那些娃儿没眼力见儿，甭理他们，你看起来就像40来岁的人"，而只是听过之后叹几句"一眨眼你也50好几的人啦""现在的孩子还真是挺懂礼貌"云云，然后就开始和我絮叨他们的家事。

　　逢人就说，说着说着心中的郁闷倒是缓解不少。但直到家门口，我才意识到，其实很多老年人的特征我都有啦。就不说头发半白这样显而易见的特征了；爱唠叨，同样一件事情遇着别人要反反复复说好几遍——这是我年轻时候最反感我妈做的事情。一晃眼我也成了那样多话的人。

　　老伴对我说：你就别难过啦，人总是要老的，你看你还不至于面目可憎到站在车上都没人让座，人缘够好啦。但听着还是不是滋味，就反问"你有没有被人让过座"，老伴就开始得瑟她头发染得精致衣着显得年轻任谁都看不出来她50出头了。

　　我这下算是明白了，我们都是怕变老的，只是这次我才意识到了内心深处的抗拒，而女人们很早就开始为延缓衰老作准备了。

　　于是这一年我买的衣服比过去10年中任何一年都要多很多；也开始去理发店让那些年轻的小姑娘给我把头发染黑了。以

前特别反感老婆一天到晚往脸上抹这抹那的，但现在每天起床之后照照镜子捏捏脸上深深的皱纹，偶尔也会忍不住偷挖一手指瓶瓶罐罐里面的东西来给自己一些心理安慰。

形象修理完毕之后，我又特地去坐了几次公车，才算把内心的"恐老综合症"消除了一些。

55岁

女儿要出国了。我内心真是非常反对这个事情，但也明白这并不为我左右，而且女儿的前途怎么都比我这个做母亲的的一点私心要重要。只是那么远，实在是让我放心不下。忘记是谁说的了，但这句话真的是很有道理——无论孩子们长多大是否成家，在父母心里永远是一个小孩。哎，她背出了第一首唐诗、扎着小辫子上学、数学考得不好被我骂这些情景还历历在目，一晃眼她都成奔三的人了。

我能做的也只有千叮咛万嘱咐了。一遍遍说着吃饱穿好不要担心钱，忙忙碌碌准备着要带的东西，尽管她一再告诉我根

本带不下，但就是怕她在异国缺了什么很不方便，就想把什么都备齐。

女儿在我们身边的日子算起来真的不算多，初中开始就住校，只有周末回来，遇到初三高三要考学的时候，更是一两个月回家一次。18岁那年不顾我和她爸爸的反对坚决要去另外一个城市念书。好不容易盼到她毕业了要回来了，她却说要出国留学。

年轻的时候往外跑跑总是好的，外面的世界那么大，我们那代都是被耽误掉了，可不能再毁了女儿的前途。我这样安慰自己。她想要什么我们就都给她，尽我们的全力，这样老了她也不会埋怨我"当时都是妈妈不让我出国，不然我现在一定会好很多"。罢罢罢，都已经放任了她这么多年，也不在乎让她多在外漂几年了。反正我们老两口在家里也习惯了。

送她那天还是忍不住要流眼泪，那个小丫头尽管一直不在我们身边，但她以前说想家的时候，我隔天就能跑去看她的；她想吃我做的饭的时候，只要买张车票回来就可以吃到的。但现在不一样啦，隔着一道太平洋呢！真是让人担心啊，从小又没吃过什么苦，在国外过得不好真是哭的时候都没人帮忙把眼泪擦。

但她倒是一脸的无所谓，还反过来要担心我们，不停嘱咐我们要好好照顾身体。

家里十几年如一日地剩下两个人，似乎已经成为习惯了。一起

吃饭一起看电视，偶尔和女儿打打电话。

有时候我们两个常常看着冷清的家讨论养儿养女的意义——孩子终归有自己的家庭，无论如何还是我们两个人互相陪伴着一直走到人生的最后。

但，接到女儿电话、一起回忆女儿小时候，总会看见彼此嘴角泛起温柔的笑容。

也许，那就是一生甩不掉的甜蜜的负担吧。

56岁

你最好不要去想"意义"是什么，绝对会被这两个字绕进去的——这是我56岁时候总结出来的年度金句。

这一年，考虑的最多的就是两个字"意义"，对一切事情的意义都迷茫异常。

事业应该不会再有什么发展，但

足矣；钱也还够用，想买什么都可以放手去买了；身体也还算健康，小毛小病常有但不曾出大纰漏；孩子孝顺不和我们拌嘴，生活也算和美满足。

只是在每天庸庸碌碌的生活中，回头看看从前，忽然不知道工作的意义、玩乐的意义，甚至对生命都开始产生怀疑。尽量让自己显得忙忙碌碌的，但有一个念头渐渐浮出水面——自己到底在为什么而活。

心里很烦躁。忽然发现自己长期以来一直在做的事情，也许根本就是没有意义的。

很长一段日子生活简直就像是在参禅，每做一件事情就想要了悟背后的道理。天马行空地想，想着生与死，想着名与利。想到这大半辈子这样过下来，攒了一笔积蓄，有了一栋房子，也还算是到了一个对于自己的人生来说比较满意的位置，但这说穿了不都是身外之物嘛，所有的一切，我终有一天都要放下。那我得到了什么？

不曾像女儿那样，她们的世界太大了，在她年轻的时候就心无旁骛去玩，可以享受青春，在电影院里看电影流眼泪，在整个繁华的城市游走。有时候真是羡慕这代年轻人，似乎我都没有经历过，而想经历的时候，就过了那个年纪了。

老伴告诉我说，其实未来还是有很多精彩的，即使白发苍苍路都走不动了，也千万不要禁锢在过去里。未来，老伴会不会还是像

现在这样骂"又不洗手偷菜吃",只是称呼变成了"死老头子"?

"什么年纪去做什么样的事情"——女儿常常那样对我讲,来说服我她那些年少轻狂的行为是青春的标记,一辈子只有一次。我也从那个古板的父亲慢慢变得赞同那样的观点,不能因为我没有经历过就要剥夺她享乐的权利。

虽然我慢慢也明白了这个道理,但——多么希望自己只是打了一个瞌睡,而醒来的时候发现自己只是坐在了小学课堂,只是刚好被老师飞过来的粉笔头打中。

🐛 57岁

爸爸妈妈老了,他们两个虽然依旧健康,但走路的时候像两棵在微风中的树,有一点颤颤巍巍。妈妈从前风风火火的,每天下班后都能听到她在路边聊天时响亮的声音,但现在她愈加沉默,每天就和爸爸坐在院子里,轻轻地絮絮叨叨几句。有时候觉得他们像孩子了,轻轻责备了他们几句后,看见父亲抬头看我的眼神中,有种我熟悉的气息,感觉回到了6岁时候我对他们那样的依恋和畏缩:有原始的爱,但总害怕做错事情要被骂。

　　每次看见父母满头银丝的时候，总是很害怕，想，如果有一天他们离开我了，那该怎么办。生死离别的场面见多了，很多年前祖父母离开的时候，哭得天崩地裂。到今天想起来，也不是那么深刻了。后来我就觉得，他们似乎只是去了远方，总有一天我会再见到他们的。

　　但阴阳线的相隔，每次想起来，依旧有深不见底的恐慌。

　　他们其实也没生过什么大病，但就算是一次伤风感冒都会引起全家无比的重视。大概我们心里都明白，80岁的老人已经脆弱得像个瓷娃娃了，他们的身体不能抵抗风雨，所以，只能小心照顾着。

　　忽然想起来，我也是一个头发半花的老人了，都有人给我让座了，所以经常就是和父母交握着手，互相嘱咐要当心身体，一定要当心身体。

　　忘记是多久以前，趴在爸爸宽阔的背上，以为可以去最远的地方；也忘了是多久以前，妈妈的臂弯是我温暖的摇篮。小时候我们太依恋自己的父母，分开几天都要嚎啕大哭。后来，我就长大了，开始有了自己的世界。在我的世界里，几乎找不到父母们的痕迹。

但是他们依旧无私为我付出，在我需要的时候捧出他们的所有，在我受伤的时候成为我的港湾。

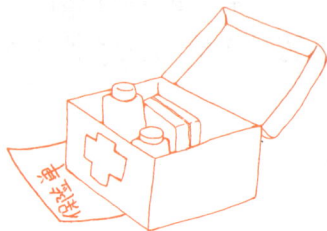

我总是想着要对他们好一些，更好一些，给他们两个买了保险，在他们的抽屉里备满了常用药，听到谁说吃什么对老人好总会跑去买回来。

但我知道，对于父母来说，他们只希望我有更多的时间，陪他们吃一顿饭，听他们说说我小时候的事，多带着我的孩子去看看他们。

但这些他们内心最深处的需求，却总被我以"没时间"等借口推脱掉，然后用物质去补足。

只有在每次转头看见他们孤独的眼神的时候，才知道，他们的心灵比他们的生活更需要我。

58岁

觉得每天都很烦躁。老伴打呼噜几十年了我也没觉得哪里不对劲，最近已经烦躁到必须睡沙发才能睡着。儿子也是，这么大个人了也一点没个大人的样子，以后结婚了家里一定翻天，被人家看到了什么样子！于是天天苦口婆心地教育他。他一不耐烦我就心里更是窝着一团火。

听到孩子和老伴在那边嘀嘀咕咕："老爸是不是更年期了啊，怎么和几年前的老妈一个德性。""哎，是啊是啊，你乖一点，就不要在你老爸面前晃来晃去了。你看，我都是大气不出听过就算了。"

更年期。这个熟悉的词终于出现在我身上了吗？

晚上睡不着偷偷去网上查了一下，越来越觉得每一条症状我都符合。

身体有很多改变能够体验到，奇妙的是，我甚至感觉到了自己这副躯壳在一天天衰老。晚上我根本睡不着，好几个夜晚都能够在天要黑未黑的时候躺上床，等到天蒙蒙亮的时候，脑子还是无比清醒的。浑身骨骼酸疼，这大概在我十几岁长身体的时候有过一阵子，想不到几十岁的时候还能体验到，不过这次是缺钙吧。

心理上也是，心烦气躁的，以前打牌输了就输了，打完就忘了，现在输了就会耿耿于怀，手气变得越来越差，几次都想摔牌走人。

做饭烦，洗碗也烦。等一辆车子等上几分钟就要开始不停踱步，恨不得要把车站走穿。

141

甚至在做一件事情的时候，自己会无意识地在那边喋喋不休地抱怨，直到回神的时候才有一点意识到这个状况，然后把刚刚说过的内容回想一遍——这大概是我脑子里最真实的反映了吧，真可怕，我居然有那么多乱七八糟的想法。

前几年老伴更年期的时候，我还总是嘲笑她反应太大，搞得人人都知道她更年期啦，想不到只有自己亲身经历了，才能明白到底是怎么样的感觉。

说起来更年期总是女人表现得更明显，男人，大概是能忍吧，本来就不是情绪化的动物。

于是比照着网上说的，我每天吃完饭出门散步一个小时，慢慢改善失眠的状况。用一些兴趣爱好来分散注意力，增加自己的耐心。

能怎么办呢？人总是有这样的一个阶段要自己慢慢捱过去的，上一次是青春期，为了长大。

这一次是更年期，为了平和度过之后变得更老。

想起来这个坎还真悲哀。

♨ **59岁**

　　要怎么去形容这一年的时间呢？岁月如梭？白驹过隙？都不能表达我心中的感慨。尽管内心有无数的抗拒，但它终究是要来的。

　　就像年少在考试临近的时候怎么都不想温书；要和年轻恋人分别的时候固执地不说再见。最后发现所有我们不情愿的东西，往往都是改变不了的。

　　这一年，人们碰到我的时候，寒暄大多数都是以"你今年要退休啦"作为开场白，"很快可以好好享清福了"作为结束语。感觉身边所有人都在瞩目着我退休这个事件。在聊起这个话题的时候，我也尽量让自己扮演一个恰当的角色——一个辛苦了大半辈子的老头子，终于熬到了退休，内心的激动之情难以描述，所以逢人问起的时候就神清气爽地回答"是啊是啊，总算可以回家含饴弄孙了"，但只有自己心里才明白，对于退休之后到底要干什么还是很迷茫的，甚至无形之中产生了一股抵触的情绪。

　　上了40多年的班了，风雨无阻出门，准点回家。那条天天上

下班的路，蒙住我的眼睛让我倒过来走我也绝对不会走错的。早已对这样的一个生活习惯产生依赖了，觉得目前这样的日子一直过着也挺好的，如果有一天不按照这样的轨迹来生活，突然一下子闲下来，想必一定会无所适从的吧。

能怎么办呢，人总是要退休的，这和生死一样不以我的主观意志转移。在这个时间一天天逼近的时候，我开始为我退休之后的生活作计划。想起来总觉得有很多事情可以做，但真正决定要去做什么的时候，却总是千头万绪不知道该把哪件事情放在第一位。

于是就这样胡思乱想，想到的时候就赶紧记下来，把它作为"退休后生活"的几分之一。为此买了很多不相干的东西，比如菜谱，比如二胡。寄希望于一闲下来就能够研究出更好吃的菜式来取悦小辈，减轻因为退休带来的不适感，以及潜心修炼一门乐器就能够让自己全身心投入。为了能让自己无缝衔接充实的生活，我甚至开始托老伴打听周围的太极拳团体和气功聚集地。

仿佛一切安排好了，"退休"这两个字带给我的恐慌就会少一些。但随着这个日子的临近，心就像是被吊了起来，晃荡在半空中，没有一个着落那般慌着。这样的心情一直持续到退休那一刻。

一直记挂着这个事情，忙忙碌碌在为这些琐事准备着，一直闲不下来倒是感觉时间要比往常过得快很多。临近退休，这也算是送给自己的一条箴言——只要不闲下来，日子就不会那么难挨。

60岁

睁开眼，6点。脑子里出现的第一个念头是起床，但随即想起来今天开始不必为上班奔忙，于是想了想，没动。

就这样呆呆地望着天花板。一段时间的空白之后，思考着今天要做什么。

外面天气很好，想着很多年没在工作日的时间在外面散步了。

老伴以常规的作息开始忙忙碌碌洗衣服，做早饭，坐在沙发上的我只能百无聊赖打开了电视机，从清晨的新闻开始看起。

吃早饭，环顾一下家四周，没有家务需要我去做，吃完继续看电视。

吃午饭，和老伴说着一些邻居的琐事，老伴说要出去打牌。于是吃完午饭继续看电视。

吃晚饭，听孩子说说公司里好玩的事情，还有今天路上的见闻，

讨论一下。吃完出去走了几步。回来以后若有所失。

想着自己退休前那些雄心壮志，在无尽空虚面前简直不值一提。这就是我的退休生活吗？难道以后我只能和电视机为伍了？退休真是比想象中还要无聊。

退休第二天我开始上网，和人斗了一天的地主，腰酸背疼，觉得那并非是一个消磨时间的好途径。尽管退休之前，分数打到正100分是我的目标，但看来一口吃不成胖子，要来日方长。

第二个月看到了街道组织的近郊旅游，和老伴两个人报了名，一屋子吵吵嚷嚷的老年人，虽然热闹，但发现自己并非对此兴趣十足，还不如和老伴两个人自助游。自助游，嗯，听上去真洋气，我是个时髦的老头，不幸的是我的老伴很乐在其中，她似乎以后准备长期和这群聒噪的老太太混了。啊哦。

半年之后，看了十来本书橱里没看过的书，对人生有了一些新的感悟。新买的那几棵植物也打理得异常好，郁郁葱葱的。老伴已经和街道的那群人整天厮混了，又是打拳又是跳舞，相比起来我的生活过得有点脱俗。还研究了很多的养生法则，一天到晚神神叨叨地在身上敲敲打打，自己下厨研究了很多新的菜式。

在即将退休一周年的时候，拍摄的一幅照片在报纸上刊登了。

得意地拿着对老朋友们炫耀。在我的感染下，很多老同学也爱上了摄影。

　　原来，退休也没有原来想象的那么无聊。大概印证了那样一句话：心有多大，舞台就有多大。

61~80 岁

🐍 61岁

电视新闻的那些记者到底在想什么啊，50几岁的当事人就被他们报道成"家住某某路的某老汉某老太"，那些人都算老头老太的话，我、囡囡爸爸还有我们的新朋友们，又算什么呢？

作为"某老太"的我，每周都要和要好的姊妹出来聚会。我和小V每周五固定见面风雨无阻，我们吃午饭的那家餐厅简直就是那一带的中老年乐园！整个午市和下午5点之前的下午茶时间，里面都坐得满满的，都是跟我们差不多年纪的……老头老太。或者是兴高采烈叽叽呱呱一边吃一边讲个不停，或者是几个人都一脸淡定地默默地慢慢地吃。我不知道别人在聊什么，其实我每次吃完之后也就忘了自己跟小V聊了些什么。我们都已经离开了各自的公司，和同学的交往也不多，到了这把年纪除了说说身边人的子女如何如何了，也没其他八卦好讲，就这样我们还能保证每周见面时都一直聊啊聊。午饭之后的活动也就是去看个电影啊逛个市场啊什么的，或者到固定的几家店去买几样吃惯了的零食。

作为"某老太"的我，正在养成每天去公园的习惯。大学的时候，每次在复习迎考的时候，我都要大声嚷嚷："我想穿越40年直接退休！我要带着公园月票每天去逗猫！"大学毕业后没几年，公园就变成免费的了，月票这玩意儿就隐退了，但每天都能去公园散步逗猫顺便打拳做操的生活，我却是真的等了那么多年。我不再穿高跟鞋，而是每天踩着让脚看起来大了一圈的运动鞋、穿着宽松舒服的运动装，散着步去离家最近的公园，看一堆又一堆的老头老太锻炼身体和唱歌。每当我看到已经80岁出头还精神矍铄的老人家时，就会立下宏伟志愿，希望自己在未来的十年里练出一身功夫，甚至王字形腹肌！呃，算了，这是我在瞎说。

作为"某老太"的我，逛超市时在生鲜食品部和生活杂货部流连忘返。我每天都有大把时间来做精致的晚餐并且安排第二天的食谱，让自己和老头子都吃得心满意足。午饭总是白粥配酱瓜，随随便便就糊弄过去了，下午倒是可以仔仔细细泡壶茶，加奶加糖，配饼干和蛋糕吃。

这和我曾经幻想过的每天穿着裁剪精致的时髦衣裳、顶着一头

银白头发、涂着一张红嘴坐在欧洲的露天咖啡座读小说看鸽子的退休生活从表面上看相差甚远，但仔细想，本质上其实也差不多，反正一样很悠闲，一样没心事。这大概是我的自我安慰吧。

🐥 62岁

照例是毕业周年聚会，这次是 40 周年。

留在上海的同学越来越少。最早离开的那一拨是出国读书然后就留在那儿了；后来也有那么几个姑娘嫁去了大洋彼岸；再后来，留下的同学中有些人玩儿命赚钱做了投资移民，在三四十岁高龄到祖国之外过日子了。到了现在这个年纪，还有几个跟着子女全家迁往外地定居了，参加同学会还得专门赶回来。即使是留在上海的那些人，也不是人人都能来凑热闹，有人病了，还有人死了。大部分人看起来就像我们这个年纪应该有的样子，偶尔也会有几个因为天赋异禀或者保养得好而显得很年轻，还有人因为生病而看起来有70 来岁的样子。我觉得只要是能活着、站着来参加聚会的，都还算不错。

女儿带了男朋友回家见我们，两个人都有点紧张。其实我和她爸也没比我们的毛脚女婿好到哪儿去，在这个很可能会加入我们家庭的陌生孩子面前，我们也得好好表现。说话不能粗鲁，也不能不小心问出不礼貌的问题，做饭的时候还要照顾一下那孩子的口味。直到聊起足球，囡囡爸爸和毛脚女婿才"敞开你的心扉、说出你的心声"，blah blah 开始滔滔不绝，后来气氛就一直很好。

　　我问囡囡，你去男朋友家时，跟他父母都聊些什么呢？紧张吗？她说，平时跟你聊什么，就跟他妈妈聊一样的呗。我问，那你跟我都聊些什么呀，我们都很久没聊天了。"还聊啥呀，我们不就聊聊电视剧嘛！"她的回答真让人伤心，不过仔细一想，我现在关心的不就是某剧中的某女被某男的某亲戚如何误解再如何变成朋友之类的嘛。正常的中年妇女喜闻乐见的话题都差不多吧。

　　年轻人们见了对方的家长，接下来，我和囡囡爸爸就要去见那对陌生的夫妇了，我们要讨论孩子们的结婚事宜了。

　　我花了将近两个钟头准备出门的行头，这种事已经很久没有发生了。我总想着在对方面前留下一个好印象，听说亲家母比我小4岁呢。囡囡爸爸一路上连开车都吸着肚子，好刻意哦。我们谁也没迟到。坐在餐桌对面的那对夫妇好有夫妻相！胖墩墩，白净净，笑眯眯，和他们的孩子果然连表情都很像。我想他们也和我们一样，多少有些拘束，留意着自己的仪态和谈吐。等上菜了，女人们开始

评价菜式，男人们随便聊了一下股票，气氛热起来了。吃到下半局，才终于开始讨论房子装修监工如何分配以及喜宴订在什么地方大概什么价位……我回想起来，当年我是不太想要婚礼的，虽然后来为了满足家长们的愿望还是热热闹闹办了一场，但我心里一直想着"将来我不要自己的孩子那么辛苦地演给别人看"。可是现在呢，我还跟对方家长讨论得那么起劲呢。

回家路上，我和囡囡她爸讲起了这些，还有那么点儿负疚感呢。可是你猜他说什么？

"看到自己的女儿穿上婚纱，可是我多年来的愿望啊。"

那好吧。

🐿 63岁

你听说过很早以前流行的那几句话吗？大意是说，女人一生中有 4 次机会发达，第一是自己做老板，其次是做老板娘，再不行就只能指望自己成为老板的娘了，最后的机会则是成为老

板的丈母娘。

当年，作为一个年轻人，我可以选择自己做老板，但我在瞻前顾后中放弃了。

后来，作为一个适婚年龄的姑娘，我可以试着去做老板娘，但我选择了和我一样为别人工作的男人。

再过几十年，也许我有机会成为老板的娘，可是瞧瞧我女儿那副和我当年一模一样的德行，怎么能指望她变成热爱冒险的女老板呢。

现在我的女儿要嫁人了，她像我一样只爱和和自己的年纪差不多的人交往，她像我一样没兴趣和那些超级理性、只讲逻辑、缺乏文艺气息的男人多讲话，她像我一样选了个同龄的有趣的上班族男生。

嗯，我失去了最后的那个"机会"。那个男孩子看起来还蛮善良，他的父母看起来也可靠。我们没什么需要担心的，所以我们在参加孩子婚礼时，是真的开心，那大概是最近 30 年里最开心的一天吧。

那是春季里的一个晴天，像当年我们的父母站在台上时一样，不知道手该往哪儿摆，明明很简单的几句话也要写在纸上才敢念出来。女儿好美！女婿也还可以

啦。他们以后就要自己过日子了。现在的仪式可真复杂，光是礼品就要准备百八十份，给每桌的小朋友的、给每桌年纪最大的人的、给现场抽奖中奖的人的、给回答对司仪问题的、给主动上台表演节目的……当他们热热闹闹发奖领奖的时候，女儿女婿就在主桌上拼命吃东西。我希望他们像我们一样幸运，婚姻生活风平浪静，这样忙乱而辛苦的场面一辈子领教一次就够了。

国庆节前后，我们全家还参加了老伴表妹的孩子的婚礼，以及我堂弟的孩子的婚礼。小家伙们都是大人了，每一代人看起来都比上一代的人在同样的年纪时资格更老一些，不是吗？我结婚的时候多紧张啊，他们看起来还蛮轻松的。

64岁

到了这个年纪，吃到嘴里的也不一定都是同龄人的孩子的喜糖。

偶尔也会去吃另外一些同龄人的豆腐饭，这种事来得早了点儿，但以后我们会慢慢习惯。

当我接到柴爿老婆的电话，知道柴爿没了的时候，心里还是一惊。柴爿上学的时候很瘦又很皮，老师说"如果能把你教好，

那就算是科研成果了，我可以去中科院报到了"。后来柴刌进了名校，老师就忘了中科院那回事了。柴刌到30几岁就胖起来了，再也没瘦回去过，但我们还是叫他柴刌。他老婆又漂亮又能干，到60岁看起来都像不到50岁。他儿子从小拿奖拿到大，工作后又赚得多，还自己做生意发了财。前年我们去吃了柴刌儿子的喜酒，去年柴刌当了爷爷，小孙子好玩得不得了。有着那样一张圆团团的、符合面相学中的所有福相的脸的柴刌，是我们所有人心目中的幸运星典范，我总觉得再过30年他还能不借助老花镜看清自己曾孙写的作业。但是他在64岁就死了，睡着睡着就没了，一点征兆都没有。

我们和其他所有去参加追悼会的人一起在哀乐中绕着玻璃棺材走了一圈，柴刌那张保养有方的圆脸看起来很安详。

"柴刌还是有福气啊，"我家另一半说，"死都死得那么省事那么轻松！虽然早是早了点儿。"

我们在回家路上就讨论了一下，结论是：如果不能走得像柴刌那样安详舒服，那么至少让我们走得迅速爽气。如果不能走得迅速，至少不要拖得太长太苦。如果实在是生病了要拖一阵子的话，就早点丧失意识好了。那个周末，我们在和女儿女婿一起吃饭时又一次提起这个话题，囡囡爸爸还说：专门买个那么贵的墓地真没意思，你们将来要来看望爸爸妈妈还得赶那么远。"不如就把小盒子埋在院子里，上面种棵果树，每当果子成熟了，你们就一边吃水果一边

怀念爸爸好了。"我也很同意他的意见，又环保又方便。可是囡囡和她老公都被囧到了，觉得我们说话似乎有点儿过于百无禁忌。

不也只有在身体健康一切太平的时候，才敢拿自己开玩笑嘛。

这年秋天，女儿女婿买了一套新的房子，挺大的，问我们要不要搬过去一起住。我们想了想，还是说不。我们很识相地不想打扰孩子们的小日子，而且搬家之类的事情对我们来说已经算是伤筋动骨的大工程，太麻烦。再说了，久违了30多年的二人世界（二人一狗的世界）对我们这样的老头老太来说也很珍贵。

据说亲家两口子也拒绝了孩子们的邀请。

🐾 65岁

我们终于有机会过年轻时幻想过的那种生活：二人世界，不用工作，不用学习，不用想别人的事情，每天在一起吃零食看动画片以及抱在一起睡觉。除了后面两点，别的都做到了。至于最后两点——我们看的不是动画片，我们睡觉的时候懒得抱在一起了。

现在我能记得住电视里每个电视频道的号码，因为坐在沙发上拿着遥控器就是我每天的工作。如果能在身边放上几包家庭装薯片和几听可乐，那就符合我学生时代对完美退休生活的想象了。我一向对自己要求不高，我不会把自己想象成躺在地中海的私人游艇上穿着价值3万块的裘皮比基尼晒肚皮的巨富怪老太，我只要什么都不干、脑子放空、懒散地躺在沙发上吃薯片看电视就很开心了。

我这么幸福，但我又变得不知足。看电视其实很无聊的，你看到很多频道都在放同一个剧集，下一句台词你都猜得到。和我家另一半抢遥控器就成了乐趣。其实我们中的任何一个都可以换个房间换个电视机看自己喜欢的东西，但是如果两个沉默的人一边喝茶一边在各自的房间里看……电视直销之类的，时间久了会有问题的。

看完电视就得出门去走走。感谢我们的狗，让我们可以每天在固定的时间有固定的事情可做。带它去散步，带它去和其他养狗的老头老太聊天，带它去菜场买菜。如果不带狗出门，我们就会去超市采购，但我们不开车了，小区门口就有去卖场的免费班车。

上网也还是在上，但是现在我们更喜欢看报纸和杂志，拿在手上看比较舒服，虽然没法放大字体，但我们可以戴上眼镜。

　　隔壁邻居老两口还常常往医院跑，不是他们自己生病，而是要去照顾家里的长辈。大家都是 60 多岁的人了，却还有老人家需要我们照顾和陪伴呢。在他们面前，需要每天吃降血压药片的我们，仍然是年轻有力的孩子吧。

　　女儿和女婿试图为我们找保姆，我们不要。这让我们更觉得自己变老了。我们不需要别人照顾，我们甚至还可以照顾狗和小孩子——我是说，如果女儿和女婿赶紧生一个出来的话。

　　我家另一半招呼我去看电视。电视里在放一个刚刚过世没多久的老歌星的纪录片。那是我的偶像，我 12 岁第一次自己买卡带就买了他的专辑，40 多岁买了他的最后一次个人演唱会 live。那次演唱会我也去看了，他穿着白色西装站在台上笃笃定定地唱，歌声还像年轻时一样。那时候，看台上的歌迷大部分都是和我一样的中年人，而现在我们又和当年聚光灯下的那个老头子一样的年纪了。

　　至于我家另一半的心中女神，那个当年有着可爱娃娃脸的少女偶像，现在正在本地卫视的电视剧里扮演女主角的精神失常的婆婆。唉。

66岁

我家另一半实在闲不住，又回公司去了，算是返聘。

我买了一些书来看，《醋能治百病》、《家庭保健不求人》、《素食意面100例》之类的。我年轻时不知道为什么这种书还能卖得掉，而且还放在书店里的醒目位置，其实就是因为始终有像我这样热爱生命向往长生不老的人在为之作贡献啊。

老年保健……
求医生不如求己
醋能治百病……
保健每日通
家庭保健不求人
素食意面100例
腰腿痛治疗
糖尿病康复

我做饭清淡了很多，我觉得这样挺好的。我不仅自己改变饮食习惯，还希望孩子们也向我学习。女儿说他们没时间去准备食材，我就替他们把所有材料都买好，连调味料都准备好，另外附上一本全新的《素食意面100例》。隔天就给他们电话，问他们吃过了没，口感如何，吃下去是否觉得比浓油赤酱的菜式更让人舒服，如果还是觉得油腻的话，要不要我帮他们买点普洱茶？

周末去女儿女婿家吃饭，我发现他们的书房家具布置有点问题。如果把书桌侧过来放，在不开灯的时候，自然光可以从桌子的左面照射过来，对于两个习惯用右手的人来说，这样眼睛会比较舒服。另外，书桌侧过来放的话，旁边的柜子也可以挪动一下。在我的强烈建议下，孩子们当场就把家具挪了位置。效果真是好，房间看起来至少大了半个平米。

偶尔他们会吵架，看起来两个人都不太高兴。夫妻吵架很正常的，我们作为家长在旁边劝劝就好了嘛。我跟他们俩分别谈一谈，没什么事情解决不了的。不过女儿告诉我，她婆婆已经跟他们分头谈过了，他们很快就会好起来的。

静下来的时候，我觉得自己做得太多了。我回忆起自己以前对父母的抱怨，有时候正是来自他们管得太多。我告诫自己不要太操心孩子家里的事，但总是管不住自己。

临近新年的时候，发生了一桩麻烦事，让我吃足了苦头。我的好几颗牙都不行了，必须拔掉换假牙，这让我觉得自己真是老了。在约好了要拔牙的那天，我无法自制地紧张起来，血压升高，医生就把我打发回家了。到真的拔牙时，我心里有点难过，告别这些牙齿就可以告别困扰我好一阵子的牙痛问题，但是一想到这些牙齿已经陪伴了我将近60年，就这样离开了我！这些牙齿见证了我60年的……食谱啊！

我把牙齿洗干净了保存起来。我也不知道这些

东西留着有什么用，又不能传给子孙后代，如果要学山顶洞人把牙齿做成项链坠子的话，它们又不像老虎牙齿那么漂亮。我家另一半说，你还会考虑这些问题，说明你的内心还很年轻啊。

67岁

现在我最迫切想要看到的人，就是孩子的孩子。可是 ta 的影子还不知道在哪儿呢。

抱孙子……抱孙女……抱孙女

邻居带着她家的小孙子来我家玩，他觉得我从家里翻出来的老式玩具真好玩，我觉得小孩子玩玩具这件事情本身真好玩。如果我有个小外孙或者小外孙女，就可以和邻居家的小娃娃一起玩了。

亲戚家的年轻人在喜宴上坐在我身边，实在无聊了就跟我这个阿婆聊天，我们聊了小说又聊音乐，他讲到的那些复古曲风曾经是我年轻时最时髦的音乐呢。他唱起一首英文歌，说是他最喜欢的老乐队的经典曲目，我告诉他，当年我留学时还曾看过他们的现场呢。我跟着他一起哼了一段，我竟然没有记错歌词！他的眼光里流露出

"阿婆你好酷哦"的神情。我真希望当我孩子的孩子长到他这个年纪时，我还有力气和 ta 一起唱歌。

童话书里常常有小女孩小男孩听爷爷奶奶讲故事的情节，多么和谐多么温暖啊，我小时候没怎么听爷爷奶奶讲过故事，但我希望将来会有个孩子缠着身为 ta 外公外婆的我们讲故事。我可以给 ta 讲讲我小时候听来的鬼故事。那是我伯伯自己编的一则僵尸美女传奇，那个僵尸的职业是卖豆腐，比我小 8 岁的表妹听到的版本比我小时候听到的更新，僵尸做的豆腐是塑料盒装的了。等到我给我的外孙或外孙女讲的时候，也应该与时俱进，就让那个妖怪制作高科技能量豆腐好了。

夏天，电视的暑期档里总有选秀节目，我挺爱看那些漂亮孩子唱歌跳舞。有个嗲嗲的少女，总是穿着泡泡袖连衣裙，戴个亮闪闪的头箍，就像漫游仙境的爱丽丝来参加选秀。如果我有个外孙女，我也给她买这样的裙子和这样的头箍，还要给她买红色的 Mary Jane 小皮鞋，让她走和她妈完全不同的路线。当年我家囡囡被我打扮得太中性了点儿，在她女儿身上可以弥补回来。

我和小 V 去看了一场电影，是小 V 的孩子送的票。如果让我

们自己买票，才不会去看那些 20 来岁的小偶像演的呢。不过那个故事还蛮好看的，片子里的十来岁的小男孩和十八九岁的少年都很可爱。据说，当年秀兰·邓波儿走红时，头衔之一便是"每个美国女人都想要的孩子"。要不我自己再买两张电影票，让女儿和女婿也来看看这部电影？

孩子们，体谅体谅你们的爸妈，快生个宝宝给我们玩玩吧！

我不上老年大学，但我终于还是有了自己的爱好。

在我 30 岁之前，曾经有过一段短暂的失业的日子，那时候我的生活和退休后很像：早午餐并作一顿，看电视，打游戏，晚饭，洗碗洗澡，接着看电视看片子，睡觉。那种日子都快让我闲出神经病来了，虚度年华啊白驹过隙啊之类的成语每天都不停地在脑海中浮现。

现在和当年相比，只有少数几处不同，比如我不再看动画片了，比如打电玩项目改成了遛狗，临睡前必须看会儿小说才能

睡着……当年期望着早点找到工作可以去上班，现在模模糊糊等待着有一天睡下去了就别再醒来，就像我的那些已经睡过去的朋友一样。

不过，我总是对未来抱有过于乐观的期待，我觉得自己也许还有二三十年这样的日子要过，这么一想，就更觉得有必要找些事情来打发时间。

我选择了剪纸。铺开一张薄薄的彩纸，对折起来，用铅笔画一些连贯的空心画，接着就用剪刀沿着描好的线条剪下来，笃笃定定地，慢慢吞吞地，仔仔细细地。这项活动的好处有很多，比如，锻炼手指，防止老年痴呆症；比如，方便杀时间，随便剪两张就一整个白天过去了；比如，工具简单，随时可以放下，一边喝茶一边晒太阳也可以剪；最重要的是，我在画画时很开心，最后剪完了展开作品时也很开心。画的时候，心中有个设计，想着剪出来效果应该如何如何，等真的剪好了，往往会有惊喜。展开纸张后看到的画面总是比想象中更精美。这真奇妙啊，我觉得幸运的人生差不多也是这样吧，结局跟你的设计差得并不多，但比你想的更好。

我剪家里的狗狗玩闹，剪阳台上的花草繁茂。把剪好的东西

衬个白纸签个名字再装个相框，就可以送给别人。女儿女婿家里墙上挂了很多，亲家家里也有，邻居家里也有。我想起我的祖母，她在80多岁时仍然坚持每年在不同的节日做一大堆好吃的东西分给众人，端午节她要包几百个粽子，重阳节她会做好多锅甜糕，家人邻居朋友家家有份。不知道我能不能像她那样，把兴趣爱好坚持到很老很老。

我家另一半现在重新回到公司了，他说每天和年轻人在一起工作还蛮开心的，他知道他们平时喜欢聊的话题，知道现在最受他们欢迎的明星是谁，他还知道用公司茶水间的咖啡机、茶包和冰箱里的饮料做出怪饮料的方法，他甚至知道当下最时髦的小男生穿衣法是用开司米开衫搭配衬衫和瘦腿裤还有牛津皮鞋。他在看过网上的"最时髦老爷爷"的帖子后，立志要把自己重新打扮起来，并且希望我和他一起运动减肥，比如参加自行车队。怕老又爱美的老头子，总算也有一个不用坐在写字台边上的爱好啦。

69岁

我们搬家了。老头子和老太太带着狗，搬到另一套房子里，那地方距离市中心更近。

很少有事情会比搬家更麻烦、更容易令人厌倦，这是一个令坏脾气集中爆发的大事件。装修上我们没花什么力气，都是女儿女婿在忙活，等我们搬进去时，装修的气味都散得差不多了。女儿想给我们买新的家具，我们不要。新家具搬进来的话，啧啧，一定又是一股子怪味道。旧家具至少很安全。

搬家之前的准备工作太累人了。我们动作比较慢，花了几个星期打包，最后那几天就是在一屋子的纸箱中间睡觉的。我很怕打包，不是怕体力消耗，而是觉得每次从抽屉的角落里或者10年没动过的整理箱里翻出点东西，就都会唤醒一段记忆。整理东西的过程就好像把过去十几年的生活制作成一部纪录片放给你看，它太长太琐碎，让人没耐心看下去，却又生怕错过某个细节。比如，那张纸条上写着的，就是老头子和他的一个死党最后一次聚会的时间地点，他可能是在接电话的时候随手写在纸上，纸头后来又被随手放进了某个盒子里，看到这张纸片他就想起那个聚会不久之后突然过世的死党。又比如，那本说明书早已失去作用，它告诉我如何操作一台已经过时的豆浆机，曾经有那么一段时间，我们全家每天早餐都要喝自家做的豆浆，直到几个月后我们对这台机器和这种早餐搭配失去新鲜感。细节一点点地被塞进纸箱，总是有太多东西舍不得扔。破洞的围巾，起球的毛衣，过时的衬衫，洗得失掉颜色的运动服……人越老越是恋旧，所以人越老搬家也就越困难。

但是终究还是搬了。开箱子时，难免又是磨磨蹭蹭。换了一套钥匙，以后这里就是我们老两口的窝了。我们的朋友、亲戚还有过去相处了 10 多年的邻居，都可以来这里喝茶聊天。这个距离市中心很近的地点，会成为大家聚会的枢纽吧。这也是我们愿意搬家的原因，年纪大了，喜欢热闹。

到了这个年纪再去适应周围环境，会是一个缓慢的过程。我们像小时候在学校附近探险一样，慢慢地熟悉周边环境。小区门口就有一家连锁的 24 小时奶茶蛋糕店，紧邻着一家 24 小时便利店。左拐往前直走 10 分钟是医院，路上会经过水果卖场和小饭馆，马路对面则有一家大卖场，邮局是在小区出门右拐步行五六分钟的地方。

这个地方距离我小时候的住处不远，半小时就能走到我的中学。在我家和中学的中间，有一座公园，那是我小时候和同学跳橡皮筋玩耍的地方，也是现在带着狗狗散步的去处。天气好的早晨，我会去那里打打拳做做操，更多时候只是绕着草坪快步走，然后坐在长椅上，看那些赶着去上学的孩子们背着书包匆匆从公园里穿过去。

他们是我的学弟学妹吧，小我 50 多岁的学弟学妹。

生活就这样彻底稳定下来吧。

我想，我们在有生之年再也不会搬家了。

70岁

我做了一个很长的梦。在梦里，我有翅膀，可以在天上飞，呼啦啦的风声从耳边掠过；我还有鳃，能在水里游，咕噜咕噜吐出一串气泡。我在地下的河道里游啊游，游到洞口，看见天光，便一跃上岸，迈开双腿往亮处走去。那光如此炫目，我几乎睁不开眼睛。等我终于能看清周围景物时，却看到了以往只有在电视剧中才会看到的场景：白色天花板，白墙壁，白床单。接着我就说出了同样是以前只在电视剧里听到的台词："这是哪儿？我怎么了？"幸亏我没像另外一些更为跌宕夸张的剧集里那样，在这两句之前加上一句"我是谁"。

女儿和老头子的脑袋刷地就出现了，他们一脸惊喜，女儿的额发几乎要贴到我脸上了。咕噜噜的声音不是梦中的我吐出的气泡，而是来自旁边架子上挂着的盐水瓶。

他们告诉我，我坐在沙发上看电视，突然就晕倒了。我人生中第一次搭了救护车，第一次被送进急救室，第一次陷入昏迷，现在终于醒过来了。医生嘴里并没有说出那些最折磨人的恶疾的名称，这让我的亲人感觉稍微好一点，倒下的原因说起来也只是简单的高血压。

我妈妈也曾经因为高血压而被送进医院，并在整个晚年必须每天服用一小堆药丸来维持血压正常，每隔一天爸爸或我就要为她测量血压。她从一个活泼潇洒的、自以为健康的退休妇女一下子变成了个对饮食格外谨慎、对血压数据无比敏感的老病号。这就是我将要面对的事情。即使比起那些患上凶猛恶疾的人来说，我这点事儿算是小得不能再小的 case，但对我个人来说，仍然是个打击。

我知道人老了就会变得虚弱，就常常需要吃药，但我一直相信自己会是那幸运的少数人，依靠还算过得去的体质和好运气，应该可以撑到 90 来岁才无病无灾地撤离地球。结果我不仅被高血压缠上了，还直接被撂倒了。

我想到这次如果是我独自在家，没人帮我打急救电话，也许这会儿他们就已经对着我的照片流着眼泪朝地上洒我最爱喝的乳酸菌饮料了吧。想到这一点我就一阵后怕。这种不安定感一直缠绕在我

心口，我决定一康复出院就要做一件很重要的事——立遗嘱！

我没有什么了不起的财产可以留给孩子，而且对独生女来说也不存在电视剧里那种亲兄弟抢遗产之类的狗血麻烦。但我至少要仔细想想自己的小小的财产到底包括哪些，是不是有被我扔在衣柜深处几乎忘记的首饰？有没有那么几件虽然不很值钱、但好歹还能开得出普通市场价的小古玩什么的？另外，我到底有几张银行卡，除了放养老金的那张之外，其他卡里分别有多少钱我都不太了解，我得把密码也都清楚地列出来，以防未来某天我独自在家死了之后我老公和女儿都不知道我在哪些地方有多少钱、取款密码又是啥。

还有一件很重要的事儿，就是任命小V为我的"首席收拾官"。你知道，每个人或多或少都有一些"黑历史"，比如年轻时从某个特别二的、现在想来非常不适合的恋人那儿得到的小礼物，比如写着几十年前少女心事和"某某明星我要跟你生孩子"之类骇人听闻词句的日记本……这些东西万一被你身边的人看到了，你这一辈子攒下的人品就会打一个豪迈的折扣。所以你必须有一个最信得过的、对你的黑历史如历史了如指掌的死党来为你把这些东西悄悄收走，那些东西甚至有机会赶在你本人之前被火化。

我花了一整个下午，起草了人生中的第一份遗嘱，并且在落款处签下了自己的名字。

我觉得对一个高血压患者来说，这件事情真是又聪明又潇洒。

我们几乎所有的人都会犯同样的一个毛病，就是对于别人的事看得清清楚楚，其中存在的问题有一说一，有二说二，毫不含糊，但一旦发生在自己身上，就是另外一种情况了，问题不再是问题，一和二也不那么分得清楚，糊弄糊弄就算了吧。看别人和看自己永远都是两码事，我们很少能够在看别人的时候预计到那些情况发生在自己身上时的样子，这种警觉力我们还是很缺乏的。大多数时候，我们可以很有立场、很有逻辑、很有判断力地对别人的事说出从1到10的10点总结，然后如果比较有灵感，还能逐条给出建议。

我71岁，我已经完全忘了自己在拉着儿子的小手带他学走路的时候，一面防止他摔倒，一面摆出一副极其公正极其无私的面孔说，千万不能对小孩子溺爱。溺爱对小孩子一点没有好处，只会让他缺乏最基本的素质，让他养成不好的习惯、形成不容易与人相处的性格脾气。当时我还引经据典，搬出种种国内国外古往今来的幼儿教育理论，既讲道理又摆事实，把听来的周围同事朋友身上发生的各种例子拿出来，简直可以成就一篇伟大的论文。

结果怎么样呢，结果我自己 71 岁，抱着孙子，笑得嘴也合不拢，想把一切好的东西都放到他面前，不能让他沾染一点灰尘、细菌、令人不愉快的东西。胖子（胖子是我给我身边这个一起生活了 40 年的男人起的绰号，这个绰号一叫也叫了 40 年）不无嘲笑地说："我都嫉妒了，你们谁看见过她对一个人这么仔细过？"

好吧，我现在也很难再拿出什么理论来解释为什么当时我尚保有一定的自制力，对我儿子可以做到不溺爱，而到了儿子的儿子这么个小不点这里就完全失去了抵抗力。也许什么都没有变，只是因为我老了。看着这个小不点那双一天当中超过 2/3 的时间都还闭着的小黑眼睛，我有点怀念起儿子也只有这么小一点的时候。

好在虽然我觉得自己对这个小不点完全失去了抵抗力，天天他一哭就要又哄又抱——儿子说我，这么一直哄着哄习惯了以后就更难带了——但作为一个受过高等教育的老年人，我还是有基本的常识，我不会不让小不点去户外晒晒太阳，会训练他规律地进

食，不给他增加太多额外的营养（曾经有人给婴儿补钙结果导致婴儿的头盖骨提前愈合），而且我还要和胖子顶嘴：宝宝这么小，溺爱一点也没什么要紧！

72岁

本来我以为我们忌讳的事情随着年龄的增长越来越少了。我们可以很坦白地讨论所有的事情和所有的人，除了在与不太熟悉的人打交道的时候一些必要的客气和礼貌，我们可以在朋友面前直言不讳地说出自己的想法，不必有所隐瞒。我们的人生经历让我们不会再为了一些听上去直指弱点的话而恼火，不仅如此，无论是一切悲伤或者快乐的事情，我们都不必一个人放在心里。年龄让我们无所顾忌，连老我们都不怕，还有什么可怕的呢？

可是一夜之间，我发现那种欲言又止的情状又重新回到我身上。我在脑子里翻来覆去地想，这些话到底能不能说，其实可能这些话并不是我的老伴儿不能听，而是我自己不愿意把它们说出来，是我自己对它们有所忌讳。

　　昨天我去参加了同学聚会。我们的同学聚会在我们大家的年龄都越来越大之后反而变得越来越有规律了。在我们还年轻力壮的时候，每个人都忙着自己的事业、家庭，每次提到聚会，或者是从日程表上挤不出那一两个小时的时间来，或者是临时又横生出一些比聚会重要的事情，最后只能是弃聚会而顾其他。坚持参加聚会的总是那么几个人，其实我们也知道，这几个人并不是比别人的时间都要多、比别人都要空闲、比别人都可以更少地照顾到事业和家庭，不过聚会嘛，总像是一种小众爱好的东西，要是每次都有班里的大部分人很齐整地出席，才奇怪了。

　　昨天的同学聚会上，来了不少人。好像是从 50 岁之后，聚会上来的人就比较多了。核心小组还是那几个人，他们会安排好场地，协调好大家的时间，并且时不时弄出一些小游戏、小节目，让聚会变得很有意思。可是昨天，这个核心小组里少了一个人。我问坐在我边上的老张，核心小组怎么缺人了呢，老张说，走了。我一开始还没反应过来，不知道这个"走了"什么意思，不过一下就回过味来，但还是有点愕然。就这么走了。当我觉得我们的感情越来越好，差不多可以升温到以前坐在一个教室里嘻嘻闹闹那会儿的时候，有人走了。

　　是啊，我已经 72 岁了。我以为自己已经

有足够的勇气面对生活中出现的各种问题，可是我对一句"走了"表现得这么愕然。在回家之后，我还想了一夜，要不要和比我大5岁的老伴儿说这件事。我是自己不愿说，还是怕他听了同样愕然呢？

73岁

我以为自己已经可以很平静地面对我的人生了。可是这会儿，我又有点混乱起来。这种混乱在我十几岁的时候出现过，在我20岁出头的时候出现过，现在它又出现了。

在没到这个年纪的时候，我不会觉得写回忆录是一件有必要的事情。甚至于，我还有可能觉得写回忆录是一件有点可笑的事情。到底有多拿自己当回事，才要写回忆录呀。可是现在我不是这么想的了。把"我自己"记录下来的迫切感胜过了一切别的感觉，是否有必要这个问题已经被我远远抛在了脑后，我只是一次，又一次，陷入到回忆里去。回忆让我产生了一种特别温暖，温暖得有点迷幻的感觉。我在想，它们都是真实发生过的吗？

　　我又激动又混乱。激动的是我终于可以回忆了！（不过以前也并没有人阻止我做这件事。）混乱的是，我该从哪儿开始回忆，我该回忆些什么，回忆里哪些事是有意思的，哪些事不是那么有意思，还有，那些我回忆不起来的人和事，我该怎么办？我会带着一种无比歉疚的心情面对他们，即使我回忆不起来，我仍然知道他们曾经存在过。既然存在过，我就该把他们的位置还给他们，而不能用一句简单的"忘记了"带过。

　　至少我是这么以为的。

　　幼儿园，我有了一架钢琴；小学，我读书读得还不错；中学，我度过了时间最长的一段集体生活，和同一群人，在同一个地方，这7年对于我们这些人的意义只有我们自己才知道；大学，我尝试了人生中最最散漫的日子，没有什么不好，也没有什么太好的地方，这段日子也许是为之后的生活做了一些铺垫，不过我的性格脾气大概是在中学毕业的时候就定了型；工作，就像我正在进行的回忆一样，一开始是混沌模糊的，到后来越来越清晰，大学毕业之后的生活也是这样，我从什么都不确定，到一点点确定起来，这个大概就叫做成熟。

　　进入回忆的状态之后，我总是会情不自禁地纠缠于很多细节。我就是这样一个人。看事情从来都学不会全局考虑。对我提出这一点的人也不止一两个了。但我就是舍不得放弃那些细节，我总觉得那些细节要比全局来得可爱得多，也更贴近我这个人。全局有什么意思呢，全局无非就是能体现一个人的智慧和理性，可是我现在都73岁了，我已经理性地快过完一生了，我还需要什么更多的智慧和理性吗？

我喜欢那些细节，它们给我带来无限的感觉。我开心和不开心的时候，都能通过那些细节真实地触摸到，甚至于有时候，如果是一些比较重大的事情，我得通过记忆当时穿着的衣服或者挎着的包，来回忆出事情的整个过程。因为我记得我在搭配衣服的时候的心情。

我又一次陷入对细节的追踪当中。这次我什么都不用担心，混乱一点也没有关系，不会有人责怪我对旧的东西念念不忘，也不会有人催促我不要把时间都浪费在回忆上。

74岁

我说过，我是一个恋旧的人。我的恋旧曾经表现在强大的记忆力上面。我在高中毕业刚进入大学的时候，记得中学里发生的事情

的各种细节：谁说过的话，谁脸上的表情，哪个老师在对谁说出难听的话之后那谁埋头低低地发出了一个什么声音，某一次班会的时候班长说错了一句什么话，某一天晚上自习的时候谁和谁同桌吵架了然后那谁委屈地哭了半节课，等等。除此之外，我还喜欢记录新的事情，比如某一次中学聚会是在哪里，当时谁穿了什么衣服，餐厅里放了一首什么歌，游戏机房里的挂钟指着几点钟……

我好像一个极其有倾诉欲的人，絮絮叨叨说个不停。说完了还要自夸一句：我记忆力好吧？后来我还在我的小学同学们、中学同学们面前表现过我背学号对上姓名的本事。中学的可能还不算稀奇，大多数同学都记得，小学的就比较稀奇了。像我这样能把学号和姓名对得丝毫不差，而且连当中转学出去和转学进来的人都记得清楚的，大概全班也找不出第二个来了。

这么让我引以为豪的记忆力，不知道为什么，到了大学毕业的时候就不行了。一开始我特别不习惯听别人说：这你都不记得了？我知道他们说这话的时候并没有什么恶意，可是我感觉受到了伤害。我问自己：我的记忆力真的变差了，而且还变得这么严重？

记忆力也变成是一样"旧的"东西，让我对它恋恋不舍。我试图证明自己的记忆力还是像读书时候一样好，可是不可能，我遗忘越来越多的细节，它们像雪花一样纷纷被时间的大风吹走，消失得无影无踪。于是有一天，我只能对自己说：好吧，我就做好眼前的事就好了，那些发生过的事情的细节，忘记就忘记吧。

是什么让我在 74 岁的时候想起那一段我自己觉得记忆力变差的时间呢？当我想不起我把家里人穿的冬天的棉鞋放在哪个鞋柜里的时候，那种曾经有过的对于记忆力的恐慌感觉又回来了。我可是直到去年，都还能清清楚楚记得家里各种分门别类的日常用品摆放的方位，比如冬天盖的被子在哪个柜子里，羽绒服在哪个衣柜里，棉鞋在哪个鞋柜里，等等。

他们看我自己和自己较劲，只能劝我说，不是我记性不好了，是我需要操心的事情多，所以一时半会儿忘记了。我知道他们只是安慰我，我除了操心一下这些东西的归位，还有什么事情要想的呢，连每天的饭菜都有阿姨来烧。

比几十年前更让我感到恐慌的是，我不是不记得那些细节，我是连事情本身都不记得了。那时候我还能对自己说，做好眼前的事就行，细节就让它们随风而去吧。可是如果哪一天，我独自走在路上，忘记了自己是谁，忘记了家住哪儿，该怎么办？

75岁

孩子长大以后与父母分开住是有它必然的道理的，这并不以个人的意志为转移。即使有些父母把孩子强留在自己身边，直到 ta 组建自己家庭的那一天，但道理还是这个道理，孩子长大了就应该让他们拥有独立的居住环境。

其实我觉得，这样做最重要的一个原因就是因为不同年龄的人所拥有的不同的生活习惯。当然，我们可以说，一家人在一起总是互相包容的。这没有错。不过除了包容之外，还可以给不同的生活习惯一点存在的空间吧。你不用因为要顾忌到对方可能不喜欢你的某个生活习惯，或者有可能受到你的习惯的影响，而改变自己的习惯。如果不改变的话，双方之间的摩擦也就会越来越多。

比如我现在早晨醒得越来越早了。这样的一个好处是，我的梦没有以前那么多了。从 10 几岁到 40 几岁，我几乎天天睡觉都要做梦。十几岁之前是什么情况我不记得了。四十几岁之后，曾经有一段时间我的睡眠特别好，就好像不做梦一样。醒来以后的精神也特别好。大概这也可以算是某一种境界。

醒得越来越早之后，我也不像年轻的时候那样特别喜欢发呆。那时候我曾经偷偷在日记里写，我的理想就是每天可以有专门的两小时用来发呆，那就叫做"发呆时间"，和所有的上班时间、上课时间、考试时间、会议时间是相同的概念。在写下这句话之前，我虽然喜欢发呆，但还不至于想出这样的一个创意。我还以为，发呆只能利用零散的时间，悄悄地进行，只要被人发现了，总不是特别光彩。"瞧，那个人又在发呆了"，这话怎么听着怎么有点嘲讽的意味在里面。

可是有一天，我忽然为了发呆这件事有点生气。我觉得我这么喜欢发呆，发呆的时候那么快乐，为什么就不能有一段专门的时间是做这个事情的呢。于是我就理直气壮地写下了那句话。后来，就把它忘了。我想，直到现在，我都没怎么正儿八经实现过这个理想。

早晨，我醒来，睁开眼睛，天还是暗的。在我的床头柜上有一台收音机，它附带的电子钟的显示屏上，绿色的火柴棍一样的数目字微微发着光。这台收音机会在 5 点半的时候自动发出声音，播放新闻频率里的节目。我还蛮喜欢这台收音机的。

我就这么睁着眼睛，什么都不想。在我年

轻的时候，我不明白什么叫"什么都不想"。如果要我做到这一点，我得在脑子里不停地想"什么都不要想"这句话，这不是又在想了吗？所以我一直都不明白那些说自己什么都不想的人到底是怎么做到的。不过现在我明白了。直到75岁，我明白了什么叫"什么都不想"。

76岁

　　我又一次深刻地体会到了代沟的存在。我甚至觉得我们真可怜，和自己所爱的人总是不能在同一时间处于相近的思想水平上面。我指的是，也许离我的儿子10、20岁时的思想最近的是在我和他年纪差不多大的那时候，而离我的儿子需要让他的儿子开始接受教育时的想法最接近的时候应该是我40来岁的时候。如果时空可以交错，可以让我在我儿子15岁的时候，触摸到我自己15岁时的想法；或者在我的孙子7岁的时候，触摸到我自己37岁时的想法。我想，眼前的事情就会变得容易许多。

　　我曾经很天真地以为，我可以和我的爸妈不一样，他们不理解我的地方，我可以去理解我的孩子，爸妈之所以不能理解我，是因

为他们没有意识到"理解和不理解"这样的问题。不过后来我发现我错了。甚至于，我开始怀疑我对爸妈的看法是否正确。人和人之间的了解就是这么奇妙。当你以为你了解的时候，你很可能并不了解；但当你觉得你对对方一无所知，很可能其实在你的内心深处你和 ta 的距离很近很近。

所以说，代沟这件事还真的挺令人绝望的。不管你是否意识到它的存在，是否意识到它带来的所有的问题，你还是对它束手无策。代沟就像是一个本体论问题一样，你意识到它，或者没有意识到它，结果相差得并不太多。

在我 30 岁的时候，我已经忘了自己 15 岁的时候在想什么，忘记了初三的时候究竟是遇到了什么事才会让爸妈想要给我找心理医生，让他们提出是不是给我换一所学校读高中的建议。我只记得这些支离破碎的事件性的东西，但是代沟的根本是想法。我要知道那些行为的出发点，才能离它们更近一点。

要不要让孙子去学幼儿空手道，或是报一个幼儿英语口语班，这个问题在我们家已经争执很久了。我的想法就是孙子怎么喜欢就怎么来，他如果真的很爱动，或者真的很有语言天分，那么适当地培养一下也无可厚非。不过，"不去试一下，怎么知道他有没有天分？"儿

子这样质问我。我也说不出什么话去反驳他。可是，难道不应该让小孩子过得更快乐一点吗？不过，"妈，你自己不是也说，小时候要不是外公外婆逼着你去学了一项乐器，长大以后也会懊悔自己没有特长？"儿子又质问我。我还是说不出什么话来反驳他。

而且，还有一点，我还记得我在做出种种关于儿子的决定的时候，是怎样反驳爸妈向我提出的意见。人都是一样的，我只是觉得，这样的轮回真的很有意思。儿子说得对，也许真的是因为我老了，老年人的想法是不能适应这个高速发展着的社会的。我能不忘记怎么上网找一些小游戏来消磨时间，就不错了。

🦀 77岁

我已经完全沦为唠唠叨叨又健忘的老太太队伍中的一员了。我对自己没什么要求（年轻的时候我好像对自己的要求也不怎么高），但对别人还是有要求，比如说，儿子必须至少隔周来看我们一次，孙子的寒暑假必须在我们家过足3周，洗好的碗必须擦干才能放进碗柜，脱下的鞋子头都要冲外。

我还重新学会了抱怨。以前在工作的时候，只要一旦意识到自己这段时间抱怨得太多了，整天心浮气躁，对这个对那个都不满意，回到家还要带着怨气洗菜做饭，我就会迫使自己把手上的事情先停下来，好好冷静一下，在日记本上写下"不要抱怨"4个字，或者写一张便签贴在办公桌的隔板上。这个办法还是挺管用的。至少管一阵儿。

现在我每天都要说，公交车上怎么没人给我让座，大街上走路的人为什么还要手指间夹着一根烟，自行车为什么喜欢闯红灯，超市里的收银员为什么看上去总是凶巴巴的，网上为什么找不到我喜爱的歌曲，报纸上印的字为什么都那么小，隔壁怎么又有人在装修了，电梯在上上下下的时候为什么要左右摇晃。前两天，抄水表的小姑娘进门的时候没有脱鞋，还没有对我喊一声"阿婆好"，我也不高兴。

好像因为到了这个年纪，我就更可以肆无忌惮地抱怨了。再怎么抱怨，也不会有人听不下去吧，老年人说几句总是应该的。我也不知道是不是我觉得抱怨的话显得特别有份量。

每天早上我还是会去楼下打太极拳。这个习惯从退休开始一直保持到现在。一起打拳的伙伴也比较固定，如果碰上下雨天，我们还会找一个有屋檐的地方坚持完成这一天的功课。我们都把这个叫做"做功课"。

有一天我们在"做功课"的时候，看见一群小学生背着书包走过去。和我住一幢楼里的黄阿姨就说："你还记得不，我们以前念书的时候，学校的墙壁上写着'明天是你们的'，就和他们一模一样。"虽然黄阿姨的这句话不太通顺，但我知道她的意思是，当我们还拥有"明天"的时候，就和这群背着书包的小学生的模样一样。我又看看自己，我每天有几个固定的伙伴一起打拳，打完拳之后或者去超市溜达一圈，或者回家听听广播、上上网，我也不缺少朋友，隔三岔五地还能聚到一起聊聊天，我还有什么不满足的呢？

在这一点上，老头子比我要想开得多。他从来就不是一个爱抱怨的人。在我以前抱怨的时候，他就听一听，有时候听到可笑的地方还会乐。他也不会阻止我说出抱怨的话来，总是等我说完之后，他才慢悠悠地点评几句，最后让我觉得，不抱怨要比抱怨好。

我要告诉他我的这个发现，世界不再是我们的了，而对于这一点我也不会再抱怨，因为我对于这个世界还没有这么强烈的占有欲。不过说不定老头子听完我说的，就要慢悠悠补上一句：我不是早就和你说过了嘛。

🐦 78岁

还记得从 25 岁往二十七八岁发展的时候，我曾经对于朋友们谈话的主题的变化感到有些吃惊。那时候我就做了一个回想，我们在不同年龄阶段和别人闲聊的时候主要都是在谈论些什么。

现在想来，人这一辈子花在闲聊上的时间还真是多啊。恐怕除了睡觉之外，闲聊就是占据了人们日常生活最主要部分的活动了。早上起床之后，如果不是一个人独住，吃早饭的时候总不能一句话都不说吧；到了公司，和同事见了面总不会每个人都马上闷声不响地开始忙自己的工作；而且在忙的过程中，也会有稍微休息一会儿的时间，在茶水间、在走廊上，甚至于在卫生间里碰上了，手头若没有火急火燎的事情要去做，也会随口聊上几句；如果公司的网络没有把诸如 MSN、QQ 这样的即时通讯软件屏蔽掉，那工作的一整天肯定时不时会与聊天搭上边；朋友来个电话，电话里要聊几句；下班后约人吃个晚饭，一聊就是两三个小时；回到家，说些零散的话作为一天的谢幕。

我能想到的，从八九岁到十几岁，我和周围人的谈话主题一直都属于与大人世界不太搭界的范围之内。我指的是闲聊。那时候谈论的主要内容大概都集中于吃、喝、玩，而且都是小吃、小喝、小玩，还有一块内容就是谈明星。相比较之下，明星似乎是一个更容易显得内容丰富的话题，从体育到娱乐，从文化到科技，我们谈论我们对于名人的喜好，比如去探究一个球星的球技、一个歌星的唱功，甚至他们的八卦故事。

当然，我们也会谈论身边的人。男生谈论女生，女生谈论男生，互相取很多绰号，分析各自的长相和性格特点，这说起来也是乐此不疲。

不知道从什么时候开始，也许就是在大学里，我们开始谈论前途、毕业、工作、婚姻、爱情、人生，甚至谈论过死亡。不过那时候，我们懂什么？我们以为我们看到了很多可以称之为真谛的东西，其实现在看起来，那都不重要。

现在我们见面的问候语通常就是：你最近身体还好吗？有没有去医院定期做检查？你平时去哪里配药？一个月要花多少钱药费？当我们许多年前谈论着理想中的生活是什么样子，10年内要达成怎样的目标，或者若干年前谈论着在经历了多年婚姻生活之后如何继续保持夫妻间的和睦关系，我们一定都

不会想到，在将近 80 岁的时候，我们什么都不谈论，关心的只是哪个医院的哪个专项最好、离家最近的可以配药的药房在哪里等等这些问题。

　　我们谈论这些就像人们见面打招呼谈论天气一样自然。今天天气很好，太阳出来了很暖和，所以适合出门去药房配点药。生活就是这样。

79岁

　　现在我当然不会像我爸妈当年那样到了四五十岁才开始学习怎样使用电脑，并且要花费大量的时间来适应互联网的存在，到最后也还是不能适应互联网上各种各样被他们看做是莫名其妙的现象，只是把一些人为编造的东西当了真，然后在与自己对互联网的了解程度差不多的朋友圈子里传播一下。

　　不过我和那时爸妈的情况相比，也好不到哪里去。在我看来莫名其妙的事情并没有因为我对电脑的了解而变少。在 79 岁的时候，我又生出了一丝学习的念头。这在我可是很少见的。熟悉我的人都知道，要让我主动学习一样东西是多么难，曾经几个朋友怂恿我一起去考驾照，结果学费都交了，我又打了退堂鼓。我这一辈子当中损失的像这样的学费手续费不计其数。或者就是交了学费，课上到一半，后面的都浪费了。我最大的理由就是，累，太累了，学习都学不动。

所以现在，我有时间，又不用上班，每天睡到自然醒（虽然醒来的时候天都没亮），而我又想学习了。我想知道在儿子、孙子以及在我们周围那些朝气蓬勃的年轻人嘴里说的那些词儿是什么意思，这个世界上又有些什么新鲜玩意儿被发明出来了，人们现在都去哪里度假，还有没有人预测世界末日……

有时候我自己看报纸，有时候我让老伴念给我听，他还喜欢和我开一个玩笑，就是在念的文章中夹进一两句无厘头的话，这全凭他的随机应变。我要是发现了，就会乐得哈哈大笑，如果没有及时发现，他就会念完之后嘲笑我一下。这可以算是我们两个最喜欢的活动之一。他为此还很得意，因为这是他发明出来的玩法。

我其实不太喜欢关心时政新闻，不过为了让我们之间的这个游戏可以进行下去，也勉为其难听一听，因为他喜欢看，就随便他边看边念。念完了他要发表一些看法，我也听着，有时候说得倒也不无道理。不过有时候我会说：你这话要给儿子听见了，他又要笑你了。

我是一个标题党，大多数时候自己看报纸，看完一个标题就不高兴往下看了。老伴问我都看到些什么，我囫囵说一下。他当然知道我只看了一个标题，我也总是要说：文章的内容字太小了，要不你就念给我听。

虽然这个世界不是我们的了，我们还是知道每天在这个世界上发生着一些什么事，这种感觉也挺好的。让我感到庆幸的是，我的好奇心还是和以前一样强烈。和这一点比起来，老伴更像是一个学院派，他只管看看报纸、电视就行了，我反而喜欢拿一些看到的关键词去网上搜一下。搜完了就把新发现的东西告诉他，语气里不无得意：这好玩儿吧？

80岁

老头子又要笑话我了，我还惦记着中奖这回事。我反复解释过这个问题，我并不是对"这辈子没有中过一个大奖"耿耿于怀，我只是喜欢把中奖挂在嘴边说，就像有些人喜欢把"奋斗"挂在嘴边说一样：我想奋斗个楼，我想奋斗个老板的位子，我想奋斗个慈善

基金……你能说这些"奋斗"的意思和我说的"中奖"有天差地别的不同吗？我觉得其实都是一回事，我不过就是也想：中奖得个楼，中奖得个老板位子，中奖得了钱办一个慈善基金。这么解释，可以解释得通吧？

中奖对于我来说，就像是一个怎么玩都玩不腻的游戏。其实按照它的成本来算，无论是从金钱还是时间两方面，这都是一个极其划算的游戏，既不用花很多钱，也不用花很多时间，还不用花大量的脑细胞来弄清楚游戏规则，免得玩错了。我想，这个游戏到后来，并不是让人在乎它的结果是什么，当然，我也不会来强调"过程"有多有意思，我们这辈子听到的诸如"过程比结果更重要"这样的让人哭笑不得的话还少么——那么大概就是，当我付出去两块钱或者四块钱，拿到一张写着一串或者两串数字的纸片，我就会有一种对将来的不确定性的新鲜感和好奇心，而且这好像是一件秘密的事情，只有我一个人知道，这就让我很快乐。所以即便我现在 80 岁了，我还是偶尔会在出门溜达的时候想起来去买一注或者两注。

那么，在我 80 岁的时候，我真心实意地认为，除了到现在为止还没有中过什么大奖之外，我这辈子算是令我很满意的了。就像

是小学里每个学期结束，在发下来的成绩单后面，还会附上一些品德评语、劳动表现等等的栏目，最后班主任要大笔一挥在一个长方形框框里写上一句或者一段话，那时候，这些话就好像圣旨一样。得到班主任肯定的小孩会同样得到爸妈的奖励，相反，那些受到班主任批评的小孩就倒霉了。

我就像那时候的班主任一样，在我自己人生的总结性列表最后，那个长方形的框框里，大笔一挥写上"满意"两个字。

曾经有一度我怨天尤人过，我觉得活到七八十岁是一件很可怕的事情，我既害怕死亡，又说着"让我在七八十岁之前结束生命吧"这样的话。这么说着的时候，我也不知道我的心底里到底希望事情会怎样发生，是出现一些不可抗力让我就在七八十岁之前从这个世界上消失了，还是不要消失，赖赖皮皮地能活多久是多久。

无论如何，现在想想，我没有什么好再怨天尤人的了。我的儿子、儿子的儿子、老伴、朋友们，个个都是我爱的人，有他们在，我还怕什么。

81~100 岁

81岁

看着孩子们在一天天长高，我很欣慰。

只是有一天孙女跟我说，爷爷你怎么好像矮了很多。

很有兴致地用一把卷尺在墙上标出了刻度，尽量稳稳地站住，费力地举起双手在自己的头顶画上了刻度。

原来不止孩子们在一寸寸长高，我也在一寸寸变得矮小。20岁开始我停止了长高，用了60年的时间，我的身高倒退到我17岁的时候。

召唤来老伴，她笑着骂我有什么好量的，但还是贴着墙根，直起了已经驼了许久的背。她比我缩水得更多，比年轻时候整整少了5公分。

我仔细打量着那些刻度，不知道到底什么时候它就这样慢慢发生了。

我以为对自己的身体足够了解，那些发生质变的节点都仔细记录下来，但很多日积月累的细微变化，却很容易地被忽略了。

就像不知道到底什么时候头发开始完全变白的，什么时候手上已经只剩一层皮了，也不知道到底什么时候我的身高开始发生变化的。老去的过程就是这样的吧，当你做好足够的准备去迎接它的时候，你发现，它已经在你身体里驻扎了很久很久了。

惊恐地发现儿子也是 50 岁的人了，他的头上也密布了白发。不知不觉间的老去真是可怕，我甚至不知道自己还能在这个世界上活多久。

每天吃完午饭之后就和几个几十年的牌友打牌。认真回想了一下他们年轻的时候，想起来其中有人年轻时候长得蛮好看的，再对比现在的苍老，内心总是有一番感慨。70 岁的时候大家精神头很足，但就像 20 岁怒放、30 岁开始显现衰迹一样，80 岁一过似乎整个人迅速变苍老了许多，白发更像是染了霜一样，没有人能够逃脱。

本来年纪大了思维就慢，再加上胡思乱想，输得一塌糊涂，印象中几十年都没有那么输过了。有人问我为何失常，我犹豫了一下便说出了心中的纠结。

当时大家嘻嘻哈哈地开起了玩笑，有人忽然说起就算大家到了下面也要一起开一桌麻将，于是大家就开始若有所思。我们都是 80 来岁的老人了，几十年深厚的友谊，也幸得老天保佑一路平平安安过来。那些即将完结的末日，谁都不知道什么时候到来。只是

想起来，总觉得是生命不能承受之重了。

😊 82岁

　　年轻时候的理想是环游世界，跑的地方也的确不少了。但总还是有些地方没去过想亲眼去看看——这样的想法随着年岁的增加而越来越强烈。但这把年纪了，也只能戴着老花镜看看地图上那些未尽的遗憾了。自从摔了一跤之后，孩子们愈加担心我，限制了我诸多行动，甚至连我想拄着拐杖自己走走也被禁止了。的确是一把老骨头了，不服老不行了。坐在家里看了一年电视，本想亲眼见证奥运会在北京举行，不凑巧那时候正好在家摔倒了没能去成。也真不比年轻时候了，伤筋动骨了一下要大半年才能好。

　　今年刚刚能蹦跶，就对孩子们说我要去看鸟巢。儿子对我说："爸，你不要这样小孩子脾气了，摔伤的腿才刚刚好呢。你去北京，谁来照顾你？"我不服气地说我年轻的时候就去过北京好几次了，再说外孙还在北京，又不是人生地不熟。

　　几十年的老邻居说，鸟巢不就那样嘛，和电视上看到的一样的！那怎么能够一样呢！我每天都在想着要亲眼去看看鸟巢看看水立方，不然就是我这辈子的遗憾了。外孙打电话来说欢迎外公来北京参观，拗不过我，女儿终于订了去北京的卧铺，她说也想陪爸爸好好出去走走。老伴说她是走不动了，让我多拍几张照片回来给她看看。

82岁的我，坐了一夜的火车到了北京。几十年前的北京在我印象中只剩下了一个天安门城楼的轮廓，马路依旧笔直宽阔的北京我却几乎不认得了。

外孙不但陪我去了鸟巢，还带着我逛了很多现代化的地方。我坚持要自己多走几步路，拿着儿子的数码相机，抖抖索索拍下了这个古老时髦的城市。外孙问我："外公，北京好看吗？"我点点头，好看。"那明年再来好不好？"

"好。"话是这么说，但是明年的事情谁知道？我早已是听天命的年纪了，只能在还健康还能蹦跶两下的时候，让自己的人生不那么无聊，不至于每天看着日出日落等死。年轻时候看的那本书怎么说的来着？

——"人最宝贵的是生命，生命属于人只有一次。人的一生应

当这样度过：当他回首往事的时候，不会因为碌碌无为、虚度年华而悔恨，也不会因为为人卑劣、生活庸俗而愧疚。这样，在临终的时候，他就能够说：'我已把自己整个的生命和全部的精力献给了世界上最壮丽的事业——为人类的解放而奋斗。'"

解放事业我是没机会奉献了，但至少在只有一次的生命中，希望自己在能站着的最后一刻，还在努力实现自己那些未尽的心愿。

83岁

最近常常在想自己的遗嘱这个事情。说白了就是一些不动产和一点现金。不是大富大贵之家，社会关系也不甚复杂，没有为自己遗书殚精竭虑的机会。这么简单的事情本来就没必要想太多，写完了藏在某个角落，等到我某天挂了自然有人把它翻出来昭告天下。

事实上我也早已经写好了，就藏在平常用小铜锁锁着的那个抽屉里，想来我万一有什么事情，儿女们第一时间就能找到吧。但是，最近我却很不安。倒不是对于那点身外之物产生了分割方面的困惑，就是想着我的那些回忆，如果就这样一

把火烧了我所有珍藏了几十年的东西来陪我，未免也太可惜了。

开始整理房间。其实房子本身经常有人打扫，基本算是整洁。与其说是整理房间，不如说是对过去的盘点。翻出了那些几十年没去碰触的东西，一个个盒子装着，从床底下抽屉里衣橱顶上等各个角落里翻了出来，居然也把地上堆得没有一丝插脚的空隙。

如果不去翻那些泛黄的旧照片，我都要忘记自己年轻时候长什么样子了。还有孩子们从满月到上学到结婚的照片我也都留着，一晃眼孩子的头发都白了，时间这个东西还真是奇妙啊。

我和我妈一样，都很念旧。一块年少时候亲戚送的布，一张捡来的书签，儿子考试时候的准考证……凡此种种都不舍得丢弃，分门别类地堆起来，真正拿出来的时候还真是吓了一跳，甚至找到了 60 年前作为我的嫁妆的一件衬衣。

这几十年，我是攒出了多少家当啊！这些也许收破烂的都看不上，但于我却是一生中的珍宝。

看完所有东西站起来的时候头有一阵眩晕，我扶着沙发，缓了很久。说不定哪一天我真的就这样一阵天旋地转之后就永远站不起来了呢！不行，这些东西应该是代代相传的。我得告诉孩子们一些久远的故事，这样他们还可以讲给也许我已经看不到的曾孙曾孙女

听。这样一代代传下去，精神不灭？好吧，其实我是有私心的，人在这个世界上行走了一世，不能成为一堆灰撒向大海送向农村作化肥这样就算了，总希望有人能够记得自己，尽量长久地记得自己。这大概也是家谱存在的意义吧。

对于财产的分割我没有改动。但在原来那封遗书下面，又多了好几张纸，而且数量每天都在增加。

因为我每天都在整理自己的东西，把一些堆放许久没有意义的东西扔掉了，把那些自己认为值得记忆的东西分类放在盒子里，然后记下它们的故事，每一张纸上都叮嘱孩子们一定保管好这些东西。

"这是我的财富，同样，这也是你们的财富。"而这些财富，在我这样生命即将完结的人看来，比那些身外之物更有价值，更让人依恋。

84岁

居然84岁了！我10来岁的时候看着80来岁的曾祖母，常常会觉得特别遥远。没想到自己也轻易来到了这个年纪。孩子们给我买来蛋糕，点亮那两个数字的时候，忽然感慨万千。年少的时候，每一岁都是一根蜡烛，后来不流行这个了，开始点数字了。如果至

今还是点一根根蜡烛的话，蛋糕上快要插不下了吧。

看起来现在的自己是有点滑稽可笑，脸上的斑都快能拼成欧洲版图了，手上只剩一层皮，颇有些年轻时候拼命追求的骨感韵味。照镜子还是熟悉的那一张脸，但拿起50年前的老照片，才会觉得现在的自己好陌生。

虽然至今抗拒着拐杖的存在，但也就是一条100米的路自己也要费劲走上一个小时，时不时还要小歇一下。也许终有一天，我会放弃不倚仗任何物体走路。不服老不行啊。

但无论如何，我现在还是一个爱美爱干净的干瘪小老头。虽然洗澡于我而言已经成为了一桩颇为艰难的事情，我也很想就这样懒懒地每天只管躺着或坐着就行，但一思及这样身上会有异味，还是在骨骼都很僵硬的时候有了动力；给自己准备独立的餐具，无论是和至亲的人吃饭，还是和许久不见的亲戚，这是不让别人嫌恶，有时候也是保护自己，抵抗力不似从前啦，什么病菌我也抵抗不住了。总之，在还能动一天的时候就不麻烦别人，所做的任何事情似乎都围绕着一个圆心来转——不讨晚辈嫌弃。

虽然在偶然表露出这样想法的时候孩子们总会说，哎呀爸，小时候你给我把屎把尿的你都没嫌我脏，我怎么会嫌弃你！

话是这么说呀，但对于老人，社会上的年轻人已经有天然的排

斥了，他们不愿意喝老年人喝过的汤，甚至会略带嫌恶看你的一切。这没办法，在我年少的时候，我也对陌生的老人有一种天然的排斥感，甚至还相信过当时一起玩的孩子说的"那些人是会吃人的"！转眼间，我也成为这样的"妖怪"啦。

作为一个84岁的老人，我只能尽量保持自己的老而优雅，就算全世界嫌弃，日子总要过下去的。

84岁也算是一个长寿的年纪了吧，应该知足了，能活多久，说实话真的不是特别在乎了。别的也就没什么念想，只希望能够在自己活着的每一天，都可以让人觉得："这真是一个矍铄的老头！"

85岁

我并不觉得自己老年痴呆了。

但似乎别人不这么认为，可气的是连我儿子都开始不信任我了。难道老了脸上就必然呈现一副痴呆相吗？！

儿子劝我少出去走动，即使走动也要挂上标明自己身份的牌子。他的一席话惹得我大发雷霆："你

就是嫌我老了给你添麻烦是不是？我记性还很好！不需要像狗一样
拴住我！"

年老之后我的脾气愈加暴躁。一旦有人在我身边，空气有点活泛，事情最后总是演变成我的独角戏。看着儿子瞬间发青的脸说"爸，我不是这个意思，你误会我了，我真的是担心你"的时候，心里其实还是挺不忍的。我也知道比起从前的我来我脾气真的怪了很多，但老年痴呆症这个词听上去总觉得离自己还是很遥远的，任何一个老人被这样说心里都不会舒服，何况我真不是痴呆。

和往常一样出门。出门的意义在于呼吸新鲜空气，偶尔去打个拳或者买个菜，但最近总是觉得自己在方圆几百米闷了太久了，想去许久没有去过的街上走走，感受一下整个城市的气息。

等到我瞬间觉得一个路口很陌生的时候，刹那间有一丝迷茫——我是谁？我为什么在这里？

这个念头一旦冒出之后，内心被一股恐慌的情绪笼罩。难道，我是真的开始忘记很多事情，我真的是有老年痴呆症了吗？

我想起来我自己是谁，也想起我的儿子叫什么名字，可是真是想破了脑袋都想不出来自己到底住在哪里、应该怎么走回去。

于是我一屁股坐在台阶上，满眼满心的荒凉。街对面有一个流浪汉，拉着二胡，硬币敲在铁桶里的声音丁零当啷煞很是清脆。他是无家可归，我是有家归不得。

台阶上有点凉，感觉到了饿。仅有的思维让我拉住一个路人，告诉他我迷路了，我想要回家。后来就来了警察，不久之后联系到了我的儿子。

儿子来接我的时候我真是有点心虚，头就自然低了下来，就在几天前我还在家里对他大吼，他想必心里还是不爽着。抬起头的时候却看见儿子眼中裹着泪，说"爸，我们回家"。

那之后我脖子上挂上了卡片，都是儿子手写的。上面记着姓名健康状况还有住址和联系电话。

🍵 86岁

我对我儿子说："你小时候……"儿子就忙不迭跑开："知道啦，总是偷吃柜子里的糖嘛。"

"不是……"我试图想告诉他，其实是他3岁的时候，腿上被蚊子咬了一排，看起来特别可爱。"那就是把电风扇说成便便便嘛，还是和邻居小花私订终身？妈妈你每天都在和我说啦！"

是啊，我每天都在和儿子说他小时候的事情。还有什么事情可做呢？除了回忆以外。

每天最重要的事情就是把人生从头盘点一遍，想起年轻时候的美好就一个人在那边乐呵，竭力想找到那些画面中的人一起分享。可是孩子们还没到我这个年纪，他们的生活中还有很多五光十色的事情吸引他们，还在累积回忆，而我现在只能到享用的地步了。

每天在饭桌上和老头子吵，吃着吃着饭就要用筷子打起来，话翻来覆去那两句，也总说不厌烦。有时候和小孙女在桌上一起吃饭，她仰起天真的脸蛋问："奶奶你们为什么要一直吵呀，都这么大岁数了。"

我摸摸她的头："如果我们不吵，那就无话可说了。"

是的，生活的乐趣正越来越贫乏了。守着3尺的饭桌和5尺的床，大概剩下几年就是那样过了。我和老头子都很默契，谁都不提起将来，大概我们都怕对方会先离开自己，一想到就觉得自己生活无以为继。

相依为命60多年了，虽然明白即

使硬生生被割掉了一半，也总还是要走完残生，但每次想起的时候，总会有一股莫大的恐慌。

我们两个人在下午的时候，就坐在暖暖的阳光里戴着老花镜打牌，两个人的桌前都摊着很多的零钱，赢了都会笑得像小孩。然后说着有的没的，从相识开始说起，一直说到昨天的事情，说完了第二天就从头再说一遍，总有一些新发现。

一遍遍的回忆之下，很多忘记很多年的事情——甚至以为自己永远忘记了的事情，都清晰地出现了。但是我们两个却常常想不起昨天午饭到底吃了什么。

而那些我所不知道的曾经，老头子也都说给我听。所有的过往已经没有对与错了，都只是打发日子的一些谈资。

偶尔有一些老朋友过来看望，大家便会集体陷入了热烈的回忆中。

他们走了的时候，我记得的还是年轻鲜活的他们，而他们现在的面目，无论看多少次，还是觉得模糊。

87岁

很多人偶尔会给我钱，包括我的儿子女儿。他们给钱的时候都那般嘱咐：如果有什么需要，就让大哥（妹妹）给你去买。以为钱能解决一切吗？对我这个半截入土的人，钱又有什么意义呢。攒了一笔两腿一蹬还是给你们的，年迈了还能起到一个储蓄罐的功能。

曾经金钱对我来说那么重要，为了它我可以背弃很多东西，甚至是信义、友情。老来发现，不过如此，挣再多的钱没有及时花掉，不过就是花花绿绿的一堆纸片而已，不具备任何意义。若说最后能够救命——那绝对是 20 年前的想法，我这把年纪了，活也是活腻了。剩下的事情，就听老天的吧。

不惧怕贫穷，不惧怕病痛，这些都不去在乎了。但有一点点在乎自己没有尊严。

其实我早已经接受不做任何事，因为已经没有人放心让我做任何事情了。

出去散步怕我摔着，吃饭怕我噎着，喝水也怕我呛着。是不是错觉呢，虽然老眼昏花，但总觉得所有人看我的眼神都有着怜悯。挥斥方遒的日子还经常拿出来在心底默默回味，但偶尔一联想到现实，心里的悲戚就会加倍。

我不再是那个对着儿子呵斥的父亲了。现在像他从前依赖我那

样，我希望很多事情他能够去解决，有什么问题看到儿子来了总觉得心里安心了。他不再唯我马首是瞻，反而常常对我说爸爸你不要这样不要那样，欣慰之余也会有一些默默的失落。我也不再是女儿的马背了，她有了自己的家庭，虽然有时也会附和我说爸爸那个时候多么威风，但眼神里已经没有几十年前那般纯真崇拜的光芒了。

喝粥的时候经常有汤汤水水从嘴角滴下。一开始觉得很难为情，这简直就是我这辈子的耻辱。现在我已然成为习惯了，最多就是拿着手帕擦一擦。

走在路上的时候由于反应慢而听见背后的刹车声和辱骂声，对着别人说对不起对不起，还看着他们的脸色，想起当年很多人都是看着自己脸色过的，就很感伤。后来我就习惯了在听见刹车声的时候先声夺人："会不会开车啊！懂不懂尊敬老人啊！"似乎是善于打同情牌或者是倚老卖老了。

我没有了年轻时候的意气风发中年时候的运筹帷幄，五六十岁的时候我还是一个威严得让下属害怕的人，到了这把年纪慢慢也只能靠依赖别人而活，而且活得不太有尊严，各项技能逐渐退化让我丧失了独立做完一件事情的能力。但慢慢发现其实年纪大了很多事情就是习惯成自然，脸皮这个东西实在是很虚无又不值钱的东西，没必要老端着。

88岁

吃饭味同嚼蜡，味觉退化。我清楚地明白自己吃下去的东西是什么，但那些食物的美味却只是记忆中的事情了。吃饭成了生命延续的机械行为。真像是机器人，定点起床定点吃饭，不需要任何思想。如果一直这样也好了，却总有无数烦心的事情缠绕。

他们以为我真的什么都不清楚了呢。其实人脑子的退化要远远比他们以为的慢。

别看我抖抖索索筷子都拿不利索喝一勺子汤都能漏了半勺，但是心里清楚着呢。你们这些花花肠子，怎么能够骗得过我，只是都是一家人，我不愿意去说破。等我死了随便你们怎么去争我也都看不到了，但是一家人走到这一步，真是让我始料未及。

什么时候，生活变得好了，竟也是种错了！

何苦呢。你们兄妹一场，小时候那么穷却可以那么相亲相爱，恨不得有一粒糖都要一人一半，一个磕破了头另一个恨不得伤着的是自己。现在却为了一套房子拗断了几十年的感情。人心在这个世

213

界的熏染下早不复最初的模样，在我早几十年的时候，我就是没明白过来这个道理啊，也和他们一般无知。

那时候与婆婆斗与妯娌争，真是应了那句与人斗其乐无穷。为了那么一点利益，不惜架起自己最尖锐的武器来伤害身边的人。那时候我以为他们对我都是有巨测的心的，十面埋伏着敌人，自己只能步步小心着争取应该或者不应该属于我的所有利益。

但是一定要等到那么多年过后自己才能够明白，当年的那些争那些斗那些得来的好处，在今天看来简直就是一个笑话。而自己的儿女最终亦是这个下场，不知道是不是该叹一声报应。

我在饭桌上重重地咳嗽。"妈妈！"四只紧张的眼睛望着我。本来想和他们说一番道理的，话到嘴边又算了。现在这个时候的他们，怎么能够听得进去任何话？最亲的人在彼此眼中早已成了水火不容的对手。

我不是没想过改变这个状况，兄妹两个人这样最难受的是我，手心手背都是肉啊。但就算我说了也没用，他们根本听不进去。这些事情，他们不到我这个孤苦无依的年纪是不会明白的。

一如当年的我。

　　我开始对孩子们的询问无动于衷甚至装疯卖傻。总有一天，大概就是等到你们都明白很多东西对于生命来说都是微不足道的时候你们才会明白，我现在这个时候看见你们这样，是有多么地难过。

89岁

　　就算我坚持要留在医院陪着，孩子们还是半安抚半威胁着对我说：爸爸没事的，妈你年纪大了先回家，如果您也病倒了我们可就手忙脚乱了。

　　当我问起老头子病情的时候，大家都笑着告诉我：没事的，一点小毛病而已。

　　但是眼神出卖了他们。

　　两个人的时候，我坐在病床边，握着老头子干枯的手，慢慢地絮叨着我们年轻时候的事情，回忆着孩子的小时候。说到记忆深刻的地方两个人会异口同声地说出来。

　　几十年的夫妻了，几十年的默契，陪在他旁边的时候，我抗拒着一切悲哀的想法。但那样的想法像细密的虫，在我的脑子里无孔不入，直到让我想得忍不

住要落下泪来。

每到那个时候我就笑，笑得很开心，然后擦着眼泪说：笑死我了，你那个时候怎么会这样的！

我想老头子心里一定比任何人都清楚自己的身体，但他也装作没事一样和我乐呵，对我说，等到出院了以后，一定要好好吃我做的糖醋排骨。

他走的时候我不在他身边。那天他精神很好，我带去的一碗粥都喝光了，我也从内心欣喜地以为，他真的开始好转了，却忽略了另一种可能。

他摸着我的头说，快回去睡觉吧，你这几天都没好好休息。眼神中的温情几十年如一日。我点点头，看见他比往日有精神的脸，才放心地离开了。

没想到，这一次转头，就是生死诀别。

再一次看到他，他安静地躺着。我轻轻地呼唤着他的名字，他眼睛却都没有睁开看我一下。一步步走过去，周围安静得不可思议。摸到了他冰凉僵硬的手，心里的那座白色高塔轰然倒塌。我听见整个脑袋都在轰鸣，每一个细胞都在呼唤着他的名字。

孩子们怕我想不开，准备了氧气。但似乎不需要，我只是跌坐在了椅子上，静静发着

呆，镇定得出乎所有人意料。整个世界都成空白一片，悲伤不足以形容那刻的情绪，所有感知都在血脉中奔腾奔腾奔腾，无力感从心灵最深处渐渐爬升。

人总有一死，你比我早是你命好，你居然就真的那么舍得留下一个在世界上痛不欲生的我。我知道你在那边很孤独，不过我想很快就能见到你了，这个日期不会太远。在这之前，我一定要好好活着，替你看看孩子们的未来，等到下次见面的时候告诉你。

等我。

90岁

像小时候被夸奖聪明或者好看一样，对每一个对我说"看不出您已经90岁了"的人报以微笑，只是从前夸我的人比我年长很多，现在夸我的人都比我年轻很多。

虽然我也知道人到了这把年纪，变得有点痴呆或者有点邋遢是必然的。看起来稍微能够不像一个那么风烛残年的老头，这是我活着的唯一精神支柱了。

说起来我的视力很差，看什么东西都很模糊了，很多人在我耳边的絮絮叨叨我也听得不是很明白了。除非他们特地大声喊，我才

能知道在对我说些什么。

一天到晚也不知道自己到底干了些什么天就黑了，电视也看不懂了。孩子们四散在天涯，也难得看到他们。基本上也不会想起他们了，除了哪个孩子生日的时候，才会抖抖索索拿起电话，也不会刻意说什么，问两句好不好、饭吃了没的家常就挂了。

但就是在90岁的时候，我还是坐了一次飞机去很远很远的地方看了我60好几的儿子。飞机上空姐都非常优待我，听说我90多岁了还坐飞机，我看不太清别人的表情，但大概也都是十分惊讶的吧。

一路倒没担心自己是否会出什么事，虽然一把老骨头了，但身体基本上还是比较健康的。就算真的飞机失事，这个也是命了，我活到这把年纪怎么都甘愿了。

当时就是非常坚持一定要去，因为儿子在那边定居了，我真怕这次如果自己不去，那不知道这辈子还能不能看见他了。

当我把这个想法对儿子说的时候，他抱着我哭了，说自己不孝。

我拍了拍他的肩头，告诉他到了我这个年纪他

自然就能理解我的想法了。天天见面已经不是我所追求的相处方式了。虽然曾经我也很害怕一个人老去，那么孤独。

但真正 90 岁的时候，就觉得儿女在不在身边在我现在这个年纪看来真的已经不重要了。

因为就算住在一个地方大家每天相处的时间也非常有限；而孝不孝顺不能用是否陪在身边来衡量，多少住在一起的儿女对父母动辄呵斥或者出言不逊啊，比起来我宁愿不打扰任何人，逢年过节过来看看我我会很开心，平日我也不会去打扰他们。

现世安稳，生命最后的一段时光，我要的不过是宁静的岁月而已。

91岁

5 年前，我的牙齿就只有最后一颗了。

这颗牙齿永远摇摇欲坠，但永远坚守着它最后的堡垒。

几次孩子建议我去拔掉装假牙，我都固执地拒绝了——在我的一生中一共长了两次共计 50 多颗牙齿，这是最后一颗了。他们这些满口牙

齿的年轻人是不会知道这一颗是多么弥足珍贵的。

　　的确这 20 年来我在吃东西的时候都有很大的局限性，稍微硬一点的食物都不能吃，早已经忘了用牙齿咀嚼是什么样的感觉了，就算特别想吃苹果的时候，也要挑一个特别松软的，用勺子慢慢刮苹果泥吃。

　　身上属于我的东西越来越少了，不属于我的东西越来越多了。我的头发很多年前就已经变得很稀疏了，几次手术之后，人造的东西填充了我的身体。也许那也是自己为什么那么珍惜唯一一颗牙齿的原因。至少，那可以让我每天对着镜子的时候深切感到——那是我的。

　　现在，最后一颗牙齿也掉了。像长在枯树上的最后一片树叶紧紧抓住树枝也不得不在狂风中飘落；像年少时候读过的安徒生童话中王子眼睛里最后一颗蓝宝石被燕子衔走；像漫天昏暗中最后一粒启明星被白昼消亡。

　　尽管再不甘愿，都留不住。

　　想起小时候掉乳牙，摇摇晃晃地随便把玩了几下就把牙齿玩下来了，新牙正在牙床里蠢蠢欲动。记得那个时候捧着乳牙哭，扔到了房檐上就怕自己长一口倒獠牙。

　　现在想来长成什么样又有什

么关系，总是要掉光了。就像年轻时候攀比美貌攀比财富攀比我们所拥有的一切，在耄耋的时候回想起来，又有什么用？剩下一副干瘪的皮囊，拥有的一切都不能换来一颗鲜活生长的牙。

最后一颗牙齿就那样安静躺在我手心里，沉静了麻木了许久的心像被扔进了几颗小石子，开始泛起安静的漩涡。

我想我的确可以坦然接受死亡，但是，我仍旧不能接受老去的现实。即使老眼昏花都害怕面对镜子，不想看见自己现在迟暮的样子。

感觉一无所有了生无可恋了，却不得不继续把剩下的路走完。

就是那两个字，年少时候我们经常叹，这刻才终于从心底体会了那样的感觉——感伤。好感伤。

92岁

走每一步都很艰难了，但还是不愿意接受轮椅。其实我知道实在走不动了是某一天必须要来的事实，也许——很快。

对此感觉很悲哀。我92岁了，在常人看来，已经是一个特别精神的老人家，理智尚残存，在大部分范围内生活尚能自理；我现在仅有的念想也只是希望上天会多优待我一些，可以让我在倒下之

前都是一个脊背挺得笔直、能够完全生活自理的老人家。

不管怎么样，我还是强迫自己每天能够走上几步路活动一下僵尸一般的筋骨，不能吃了就坐着、等到天黑了就去睡觉，人就是会慢慢这样变成老年痴呆，然后不知道自己是谁地等死，这个时候再健康又有什么用呢？

认真思考了很久，决定在这把年纪的时候养一条狗。是因为真的觉得很孤独，在这个世界上能够陪我的人很少，后辈们还年轻，他们的时间是用来去拼搏去创造的；只有在逢年过节松懈下来的时候，他们才会记起在某个角落还有我这样一个老人家。所以大多数时间我只能看着没有一丝生气的电视机，听它发出各色声响，还是觉得冷清；对着墙壁对着水池自言自语，没有回音。

迫切需要一个活物在我身边，不然感觉整个屋子里都是腐朽的气息。

孩子们对于这样的要求有些担心，毕竟在他们眼里我是一个连照顾自己都有些吃力的人了，莫说是再要去照顾一条狗。但最终他们的内疚还是成为了答应我这个要求的根源。儿子领着小孙女，把一只小雪球一样的小家伙放在了我的脚边。

生活就忽然有了重心，看不太清楚却也知道小家伙正扬起头来听我说话，眼睛大概是闪闪亮亮的。于是我就对它念叨着我的一辈子，小时候怎么被父母看不起，然后冰天雪地还要洗弟弟的尿布，那个时候的辛苦真是一种说不出来的苦；生老大的时候差点要了我的命，打死不愿意再生，却明白必须要传宗接代生个儿子出来；含辛茹苦把几个孩子拉扯大，他们就有自己的生活不管我啦；该死的老头子就那样狠心地把我一个人丢下，但是现在想起来也不是那么悲伤了，反正我快要见到他了……

小家伙就那样坐在我的膝头听着，间或发出几声呜咽，我就觉得很满足了。拄着拐杖也出去带它走走，一开始担心它会失控，后来发现它竟然出奇地乖，我走一步它走一步，明明是一只幼年的狗，却没有跳脱的性子，竟然和我这个老人家一样悠哉。

生活有了这样一个生命的陪伴，蓦然就觉得有色彩很多。后来又从路边捡来了一只小猫，在有阳光的午后，一狗一猫坐在我的脚边发出轻轻的呼噜声，大抵有一点点明白这就是晚年幸福的重要一部分。

只是有一点让我有所思虑——若是我命够长，怎么面对陪着我的这两条生命逝去？想来就觉得悲痛。而如果他们的命够长，我离开这个世界以后，他们又将怎么样？

93岁

如果我接受轮椅，那我就是真的老了。

抱着这样的想法，我一直拄着拐杖行走，怎么都不愿意弯下我高贵的膝盖。体力是真的不行了，腿脚越来越不利索，就连支撑拐杖的臂力也显得过于单薄。以前沿着家门口还能走上几十步，现在每走一部仿佛都是需要勇气的。

就算是这样倒也还好，一步一步靠着意念迈出去我也愿意一直坚持着走到走不动的那一天；最遭罪的是每逢下雨天，几十年的关节炎便缠绕我的膝头，抽丝剥茧的痛楚直钻心底。尽管老了视神经萎缩味觉麻木，但痛感却新鲜如初，甚至远远比生命最初磕破头鲜血汩汩冒出的时候更可怕更让人难以忍受。

为什么人所有的技能都退化了，痛感却仍然敏锐？

每当这个时候，莫说走莫说站起来，就连活着，想来都成为一种巨大的艰辛。一个更坏的消息是——就算不是阴雨天，今年关节炎的发作也越来越频繁了。绝大部分的日子我只能躺着或者坐着，用一层一层的棉絮包裹住自己，在膝头放上一个热水袋以祈求减轻一些痛苦。

那样窝在一个隔着玻璃晒几个小时阳光的地方的感觉不至于抓狂——这把年纪了似乎情绪这根筋已经不太会大幅度上下起伏了，但心里总是有些不舒服。对于一个行将就木的老人来说，还有什么能比看到一个鲜活的世界在眼前、和几十年的老朋友交流上几句更幸福的事情呢？

好吧，那我还是接受轮椅吧。尊严这个问题思考了好几年，到现在虽然没有明确自己到底是否可以放弃，但至少，为了阳光和新鲜空气，我想我是可以做出适当的放弃的。其实……轮椅也没有那么让人讨厌，老了就应该服老，不是嘛。用手滚动轮子的感觉尽管有时候还是让内心残存的潜意识感觉自己很窝囊，但不得不承认的是，比起每一步都耗费巨大心神来说，轮椅的确可以让我更省力，支撑我经过更长一段路途。

一旦这样的思想养成之后，我便再也没有脱离轮椅。渐渐地，发现从床到餐桌这点距离，以前都是走或者挪过去的，现在靠着轮椅已经能够快速便捷地在两者之间往返。庆幸这个世界上有这样发明的时候，也有一丝"自己再也站不起来"的自怜自艾。

在我不服老之前，最大的愿望是有生之年爬山看日出。现在最大的愿望，也不过就是坐着轮椅被人推着去看

日出。

🐭 94岁

　　每年过生日已经成了一个大节日，下面的小辈们济济一堂。

　　蛋糕一如既往地大，虽然没有了牙，只能看着孩子们开心地分了它。其实我是不太能够记得自己到底活了多少岁了，不像年纪小的时候，统共就是那么几岁，两只手用上就能够数得过来，每年都在盼望着快点长岁数。那个时候还没有蛋糕那些洋气的玩意儿呢。

　　儿子小时候也喜欢过生日，家里条件不是很好，买了小小的一个蛋糕给他都能开心个半天。一年都要问上好几次"妈妈我什么时候能过生日呀"，吹蜡烛的时候，小脸简直是闪闪发光的。

　　后来到了孙子孙女的生日——他们的生活真是太幸福了啊，从小生活条件就那么好，我们没见过没用过小时候想都不敢想的，他们一直都不缺。每年都有和他们人一样大的蛋糕，还有很多小朋友唱着生日歌……

　　我不知道过了多少生日了。自己的，别人的，每年都要见到好几个蛋糕，祝贺很多人的生日。所以，现在自己也有点迷糊了，到底是多少岁了呢。

直到看到蜡烛上面闪着光亮的"94"。

94 岁是什么概念？我 20 岁或者 50 岁的时候肯定没有想过自己能够活这么久。

一如既往收到一些礼物，大部分是软软糯糯、豆奶麦片等典型的没牙老人必备食物。让我惊讶的是，孙子用他第一个月的工资给我买了件大衣。原来这个小子已经工作了啊，上次似乎听他妈妈说起过，但是转头就忘记啦，这都什么记性。大概觉得他很久没来看过我了，原来是忙工作了啊。

于是我笑眯眯地把大衣穿上，红彤彤的煞是喜庆。"祝奶奶活到 100 岁！"依稀记得昨天那个毛头小子还为了颗糖哭啊哭的，现在真是一个大人了啊。

听见大家碰杯的声音，眼神不好但还是能看到酒杯中波光粼粼的红酒，一大家子和乐融融，席间听着大家和我说些什么，我再附和两句，也许转头我还是忘了，但那样的感觉还真是好啊。

一年只有一次的生日。

不知道明年我能否依旧看到这些人。

每到这个时候，那些"看开"有点摇摇欲坠，想来，还真是舍不得离开这个世界啊。

95岁

睁眼的时候天仍旧是黑的。抖抖索索开灯看了一下，时间是4点半。

不记得是从什么时候开始，醒得永远要比光亮早。

在第一道太阳光出来的时候从床上坐起来，花半个小时穿好衣服。等到一切收拾停当吃完饭坐下晒太阳的时候，阳光已经有着相当的热度。照得整个人暖洋洋。

已经不再关心具体的日期了，过了90几年，只需要记得住每一个节气，立春，夏至，秋分，大雪。适时加衣减衣。但有时候明明一个节气刚刚过去，还是会下意识地问"今天是几号"。一天要问上10次，这大概就是典型的老年痴呆症吧，自己犹不自知。

抬头看钟成了一天中最频繁的事件。时间似乎走得很慢，每隔一次看的时候，也只是过去了一个小时。但似乎又是很快，无数次的抬头中，就经历了一个个黑夜白昼。

入秋的时候妹妹会被外甥送过来和我住上一阵子，两个加起来快200岁的人就一起坐着，晒晒太阳。下午的时候兴致高的话叫上几个邻居老人，戴着老花眼镜打上一会儿牌。絮絮叨叨一些家长里短，一天也就这样过去了。

我们都是很早就嫁出去了，之后在忙着经营各自的家，逢年过节回娘家见上一面，就是这样的关系维持了几十年。直到我们的孩子都成家立业，丈夫又相继过世。这个时候姐妹的关系反而达到了前所未有的亲密。我们不似年少还有很多心事可以分享，也不像孩子刚刚长成那会儿既需要攀比又需要交流，耄耋之年只需要并排坐在藤椅里晒太阳，就足够了。

我们之间的交流很简单，"现在是几点了？""3点了。"这样的对话不断出现在我们口中。

我们的孩子的确能给我们很多爱，但他们的爱更多是倾注给下一代。生命几乎是走到尽头了，陪着我们的不是彼此最亲的人。但想起来也算是合情合理了，我们的确是最亲近的关系了。在这个世界上，

没有人能比我们认识彼此的时间更长了。我们认识的时间将近一个世纪。

其实孩子们曾经提出让我们住在一起,这样彼此也好有个照应。但是我们俩同一时间拒绝了。对视了一眼,灵犀闪过。如果每天在一起,那么这一年中,每一天相处的日子就没什么特别了。只有每年的那一段时间相处,这段日子才会特别宝贵。一年到头有了一个盼头,盼着下次的话,我们就会一直有生存的劲头。

最重要的是,要是每天在一起,如果有一天谁先离开了,另一个眼睁睁看着,肯定也会支撑不住倒下。只有分开了,即使真的有一天,其中一个先离开的时候,也能在另一端有个什么都不曾被改变的妄想。

这就是我们最后一点天真的相信和念想。

96岁

真是已经想不起来上一次出门是什么时候了。

回到了最原始的混沌状态。大部分活动都在床上开始又在床上完成,偶尔需要在人的帮助下活动活动筋骨。看不太清楚也听不太明白,虽然很想听明白别人到底在说什么。心有余力不足,这个感觉也和生命最初的时候很像。

身体每一个关节都卡拉卡拉作响。我每次听见这个声音的时候都能自行想象出自己全副骨骼的样子。不过这副骨骼大概永远没机会完整呈现了吧，现在都是火化的了。

"死"对于我来说，不是那么可怕的字眼了。前几年的时候，我还是很恐慌这个字的。但经历过了很多濒死的关头，现在反而坦然了许多。"等我死了以后"已经成为我惯用的开场白了，我死了以后这张桌子千万不要卖掉，这个可是我爷爷传下来的；等我死了以后你们每年都要拜祭我的，不然我在下面也很孤独的。我现在经常就是这样对孩子们说。他们也从最初的"不要乱说，妈妈会长命百岁的"到现在坦然地回答"知道了"。

也不是逼迫他们去想死亡这件事情，只是大家心知肚明迟早有一天会来的，不如现在开始大家先习惯起来，免得一下子太无措了。

这样看下来我还真是一个乐观而无惧的人啊。

总之我是感觉死神离我真的不是很远了。老花眼镜已经不顶事啦，哪怕多戴个两副还是很难看清楚书上的字。看来我阅读的能力已经基本丧失；收音机还能凑合听听国家大事——虽然对于自己这

231

把年纪还关心国家大事这点上有一点纠结，不过想来关心了几十年的国家大事已经成了习惯，那么现在继续关心关心还是没错的。但是总觉得播音员的语速已经变得越来越快了，我能听懂她报的是什么，每个字都能懂，但是没有一个字能进脑子的，看来我连记忆的能力差不多也要消失殆尽了。

这些多多少少都能让我涌起挫败感和无力感。

有一点还是很好的，虽然说话比从前要慢很多，但是至少现在还没有丧失交流的能力。

所以我还是在饭桌上能够就一件事情发表一下意见，然后听听别人怎么说，参与一下讨论。虽然这些事情有时候显得太过鸡毛蒜皮，不过就是家长里短，十字路口的车祸或者是一个远亲的孩子的问题。

尽管不能动弹、尽管貌似一个废物，一般每天就是吃喝拉撒，但还是要让别人也让自己意识到一丝思想的存在，这就是作为一个96 岁老人的存在感。

97岁

　　人生轨迹的两头似乎有一些惊人的相似。

　　感觉像回到了生命最初的时候，无助得像个婴儿，只是不会再吮吸手指，也没有任何未来空间可以想象。床成了我的主阵地，除了必要的一些活动需要下床以外，我的全部行为都在床上进行。以前围着我床周围转的人都比我大很多，现在都比我小很多。

　　今天孙子带着3岁的曾孙女过来看我了，初生朝阳一般的脸庞红扑扑的，大眼睛纯真地看着我："太奶奶，你陪我玩皮球好吗？"我伸手去摸了摸她的脸："太奶奶老了，动不了喽。"我一定也有过这样鲜活粉嫩的时候，但实在是太久远了，根本就想不起来了。

　　如果有小辈们过来看我，就和他们絮叨一会儿。曾经有一段日子，我会觉得很孤独，因为自己的意见不再受人重视，他们总是那般排斥地推脱："您老啦，这些您就少操些心吧。"于是渐渐地我不再卖弄我的过来人经验，但这段日子似乎他们又变得特别耐心，家

长里短的和我说，我一高兴说多了的时候，他们也没有不耐烦的神色，一个劲儿点着头，有时候还夸张地大笑。

我知道，他们就是在配合我。在我日渐枯萎的时候，他们开始意识到也许某一天将会永远看不见我啦，于是想多陪陪我。死亡总是若有若无地在我身边徘徊，谁都不知道它到底什么时候来。

小小的孩子坐在我的床边，问我："太奶奶，您会活到100岁吗？"100岁？我还真没想过，现在的日子就是过一天忘一天，已经不太去想自己到底活了多久、还能活多久。生活也就是无间断重复，这么就死掉或者是过了两三年再死掉，坦白来说，根本就没有太大差别。但……100岁，听起来还是很诱人的，到那个时候，眼前这个小姑娘应该长高很多了吧，不知道再过个20年，她还能不能记起我。

于是我笑着对她说："会的，一定会的。到100岁的时候，你来给太奶奶唱生日快乐歌好吗？"这是一个很美的诺言吧。也许上天舍得让它兑现。

小姑娘蹦蹦跳跳地离去时，对于自己的100岁，忽然有很多的期待。

98岁

　　睁开眼睛的时候，看到了一个吊瓶。感觉到自己那副熟悉的身躯依旧这样老旧而薄脆。然后看到围在旁边的人，他们眼中无不有欣慰之色。至少有几分钟的时间，我脑中是一片空白的，也不是不愿意去想，是真的什么都想不起来的一片空白。感觉就像生命最初的时候，费劲地去认身边这些人，再努力去想这到底是怎么一回事。

　　直到几分钟之后想起自己昏迷之前是在医院，医生还严肃地在门外说着"病情不乐观"，然后我就没知觉了。

　　我还活着，我居然还活着。回过意识来的时候兀自这般感叹。

　　年轻时候身体多么强壮啊，大风大雨里跑，就算发烧到39度，吃颗药睡一觉就没事了。现在一场感冒竟然差点要了我的老命。感觉背部一阵剧痛，咳嗽了两下竟似要把整个肺生生咳出来一般！

　　似乎有很多话想说，但当所有的话都涌到喉头的时候，发现连说话的力气都没有了，似乎有一只手在不停地拉扯我，把力气一丝丝抽走。于是疲惫地再次闭上眼睛。

　　十几年前我也得过一场大病，那个时候十分恐慌自己生命的消

逝。我想那个时候自己真的是怕死的，求生的欲望格外强烈，觉得自己还没活够。病好后性格也转变了很多，什么事情都看开了。

但我现在已经98岁了，活到这个年纪真的是知天命了。我居然还是活过来了，看来求生只是一种本能。

靠着简单的点头或者摇头，我回答着晚辈和医生们关于我身体的询问。待到终于有力气能说点话的时候，已经是好几天之后的事情了。之后有那么大半年的时间，我都是呆在同一张病床上，看着来来往往的那么几个人。生病之前就不怎么说话了，之后就愈加沉默了。

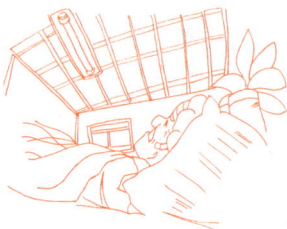

变得很怕冷，就算是夏天也要裹着好几件衣服。已经没有了下床走动的欲望。最熟悉的物件不是对面的电视机，而是仰躺时候直视的那块天花板。

出院那天，想看看清楚许久没有见到的蓝天和太阳，我努力睁开那浑浊的双眼，发现再好的天气在我眼里都是模糊而昏黄的了。

回到熟悉的家中，继续被人安置到那张因为长久没触及而略微感觉有一点陌生的床上，并未觉得和医院有太多不同。这些都没有关系了，反正剩下的日子，我所做的所有事情都是奔着一个目的——等待属于我的日子完结的那一天。

99岁

　　有时候躺在床上常常觉得很矛盾。一方面觉得这一辈子活到这个岁数该看的都看过了该吃的都吃过了，就此死掉也应该无憾了；但另一方面又开始对晚辈们很留恋，很希望和他们多相处一些时光。有时候甚至想，如果我就这样死掉，孩子们应该很伤心吧，想到他们痛哭的画面自己就开始有些受不了。

　　胡思乱想成了尚有一丝力气时候最常做的事情。很讨厌被放到太阳底下，回神的时候才发现大半天已经过去了，这个时候往往会对人生有一种无力感，纠结于自己这样苟延残喘活着的意义是什么。

　　无论如何，我已经99岁了，虽然身体没出什么大差错，但毕竟是一部年久失修的机器了，任何一个零件出一些小问题，可能就彻底停止运转了。

　　孱弱到仅剩下胡思乱想的力气，回忆年轻时候的艰难，那芬芳扑面的爱情，一路走来的变化，思绪就这样漫无边际游离。孩子们也常常过来看我，今天小孙女过来了，精神就好了许多。看着那有朝气的脸庞，青春就这样带着闪耀的光从我的脑海中轰鸣而过。我像她这么

大点的时候，根本就没有想过自己老的时候是怎么样吧？或者，也不愿意去想。突然想起了像她那么大的时候，曾经读过一篇爱尔兰诗人写的诗歌，叫做《当你老了》，当时还想象了一下，觉得场景十分美好，但自己真正迟暮的时候，无能为力的痛苦却占据了时光的大多数。

让孙女把诗集从我已经有 20 年没怎么碰过的书架上取了下来，"读给我听吧，孩子。"我缓缓闭上眼睛。

当你老了
当你老了，头白了，睡思昏沉，
炉火旁打盹，请取下这部诗歌，
慢慢读，回想你过去眼神的柔和，
回想它们昔日浓重的阴影；

多少人爱你青春欢畅的时辰，
爱慕你的美丽，假意或者真心，
只有一个人爱你那朝圣者的灵魂，
爱你衰老了的脸上痛苦的皱纹；
垂下头来，在红光闪耀的炉子旁，
凄然地轻轻诉说那爱情的消逝，

在头顶的山上它缓缓踱着步子,

在一群星星中间隐藏着脸庞。

"奶奶,你在我这个年纪的时候,想过自己老的时候会是什么样子吗?"小孙女念完之后,沉默了好一会儿才抬起头问我,眼神若有所思。

"奶奶当然想象过,但那个时候我和你一样,生活的幸福才刚刚展露出一个尖尖的角,这个世界有太多新奇与美好等着我去发掘。老去成了一件非常遥远的事情,只有当有人过世的时候,才会想到自己也会老去那么一回事。孩子啊,每个人都会老的这点大概你也知道,但现在你还年轻着就不要去想这个事情啦。在你老的时候,你可以用全部的时间来体会。"

是了,用生命所剩的全部来体会时间一点点的消逝,就像眼睁睁看到自己身体里的那个沙漏,所剩的沙子已经越来越少。

我不知道什么时候是尽头。

也许,明天就是尽头。

🐦 100岁

最近身体不好，好像清醒的时间越来越少。每天应该有几个人来看我，和我说话的时候，我还能有点意识地"嗯"一下，或者拉着他们的手说些什么。可是一个人的时候立刻回想，我也不记得到底是什么人来看过我。傍晚的时候会叫护士拉开一下窗帘，那个时候阳光还没有掠过地平线，微弱地照着我周身洁白。现在的我不喜欢回忆，也不喜欢想太多——或者，我已经渐渐失去思考的功能了。

记得，很早很早以前——那绝对是上个世纪的事情了，我看过一个童话故事。故事讲的是一个女王拥有一个美丽得无与伦比的玻璃柜子，可以从里面取出任何东西。但作为回报，她必须用自己最重要的东西来交换。好像是这个意思吧，真意外过了那么多年我还能想起来。她从里面拿出了成堆的黄金，也从里面拿出了世界上最璀璨的钻石，放进去了她的时间，快乐，乃至最后的生命。最后……这个女王死了，柜子支离破碎，慢慢消失不见。

我想每个人大概都是那个女王，人生也就是那样的一个柜子吧。我从里面拿出了那么多的快乐幸福苦痛，看遍了这个世界的五光十

色，拥有的东西越来越多，但最后好像就是那样的——我只不过是拿时间铸就的生命，换来了一场闪烁着光亮的剧情。但最后灯熄灭，人退场，曾经万能的柜子忽然就与我无关了，那么"我"，在这个世界上，还能留下什么？

此刻思绪特别清晰，一扫前几日脑袋中的昏昏沉沉。很多久远的似乎已经失去很久很久的记忆都在我脑中清晰地浮现，我甚至不用翻着照片都能忆起自己年轻时候的悲喜。你说，那是不是奇迹？也许上天很爱我，知道我对这个世界很留恋，所以要给我更多时间。

有点窃喜，却从自己身上闻出了一种腐朽的气息。暗淡的夕阳突然散发光芒，白光中，感觉到那些我很爱很爱的但离我而去很久的人就站在我的周围。仿佛从来都不曾离去。是了，他们也许一直站在原地等着我。现在，我不会寂寞。

对，我也累了。人似乎在下沉，在过程中看见自己的一生像胶卷一样，一个个画面静止住。一幕幕灰飞烟灭。

沉入越来越深的海底。很黑，慢慢的，却看见另一种光亮。